KURT RICHTER · KOMBINATIONEN

Seh ich die Werke der Meister an,
So seh ich das, was sie getan;
Betracht ich meine Siebensachen,
Seh ich, was ich hätt' sollen machen

Goethe

KOMBINATIONEN

Ein Lehrbuch der Mittelspiel-Taktik mit 404 praktischen Beispielen

von

KURT RICHTER

4. verbesserte und erweiterte Auflage

(404 Voll- und 55 Teil-Diagramme)

WALTER DE GRUYTER & CO.

vormals G. J. Göschen'sche Verlagshandlung — J. Guttentag, Verlagsbuchhandlung — Georg Reimer — Karl J. Trübner — Veit & Comp.

BERLIN 1965

Archiv-Nr. 5 341 651 — Printed in Germany.

Vorwort zur 3. Auflage

„Es gab eine Zeit, da sah man auf die Kombinationsspieler etwas mitleidig herab." So schrieb ich in der 1. Auflage dieses Buches, vor nunmehr fast 20 Jahren.

Aber nun ist es heute fast wieder so weit. Für viele Experten des königlichen Spiels beginnt der wahre „Schachspieler" erst mit der „positionellen Glanzpartie", deren Glanz allein in der systematischen Ausbeutung eines positionellen Vorteils, schließlichem Bauerngewinn und methodischer Endspielführung besteht. Sie lehren das Schachspiel auch dementsprechend auf einseitig orientierter Grundlage.

Und was sind die Folgen? Die geistige Armut vieler Schachpartien spricht eine beredte Sprache. Auch bei der Jugend fehlen die Stürmer und Dränger. Der individuelle Stil wird sozusagen durch den genormten Schachspieler abgelöst. Die Technik triumphiert. Es wird nicht mehr „Schach" gespielt, sondern das Gedächtnis geübt. Im schachlichen Unterbewußtsein dominiert nicht die Kombination, sondern die Variante.

Wird es dann aber ernst, gleitet die Partie dennoch in den so ängstlich gemiedenen Strudel unübersehbarer Verwicklungen, dann hilft kein Gedächtnis mehr und keine Variante — dann heißt es wirklich: Schach spielen! Dies erst ist das wirkliche Examen. Und da zeigt es sich mit erschreckender Deutlichkeit: Viele sind berufen, doch nur wenige auserwählt.

Dieses Büchlein bricht also eine Lanze für das Kombinationsspiel. Es will den Blick für die taktischen Gegebenheiten der Stellung schärfen und den menschlichen Geist im Sinne *Caissas* anregen und lenken helfen.

Doch seien wir bescheiden. Nach 40jähriger Schachpraxis muß der Verfasser zum Beispiel bekennen, daß der stürmische Eroberungsdrang der Jugend der resignierenden Erkenntnis des Alters gewichen ist. Was wissen wir denn schon vom Schach? Viele Kombinationen, die erst begeisterten, erwiesen sich, unter die Lupe genommen, als zweifelhaft. Immer wieder ereignen sich die gleichen Fehler; immer wieder spricht man von Irrtümern des Glossators. Und so fort.

Wir müssen nach wie vor erst Schachspielen lernen.

Berlin, im November 1954. *Kurt Richter*

Vorwort zur 4. Auflage

Dem Vorwort zur 3. Auflage wäre noch hinzuzufügen, daß das Auftauchen der Schachphänomene Tal und Fischer dem Kombinationsspiel und der Freude am Risiko großen Auftrieb gegeben haben.

Der 4. Auflage wurde der Abschnitt V „Menschliche Unzulänglichkeiten" mit vielen lehrreichen Hinweisen auf ständig vorkommende Kombinationsfehler angefügt.

Zu zwei Stellungen der 3. Auflage haben aufmerksame Leser interessante Entdeckungen gemacht. Zunächst: Dr. Eduard Lasker, New York, weist bei Nr. 119 (Wagner—Rellstab) darauf hin, daß statt der Partiefolge 1. Te8 Dg5 2. De3, die auch gewann, 2. h4! noch witziger war, wenn 2. . . . . Dg3:, dann 3. Te7† Kf6 4. Tf7‡.

Sodann hat Oberstudienrat Schneider, Geislingen, eine „Nebenlösung" der Position 165 (Lexandrowitsch—Krummhauer) gefunden: 1. Dc8:†! Tc8: 2. Tc8:† Kh7 3. Th8†! Kh8: 4. Sg6† usw., bzw. 2. . . . . Tf8 3. Sg6! Db4 4. Tf8:† Kh7 5. Te6: usw. Erich Flohr, Geislingen, der dies mitteilte, bemerkt dazu sehr treffend: „Wieder einmal ein Beispiel für den Ideenreichtum des Schachspiels! Man weiß nicht, welchem der ‚Zaubertricks' man den Vorzug geben soll."

Für solche begrüßenswerten Hinweise ist der Verfasser stets dankbar.

Berlin, im Februar 1965. *Kurt Richter*

Inhaltsübersicht

V. Menschliche Unzulänglichkeiten

Steinitz mußte, um die wahren Prinzipien von den unechten zu scheiden, lange und bedachtsam der Kunst von Morphy nachgraben. Und als er die Wurzeln bloßgelegt hatte, sprach er zur Welt: Hier ist die Idee des Schachspiels; höret und urteilt nicht rasch, denn es ist etwas Großes, und ich kann es nicht bändigen.

Dr. E. Lasker

Kein Zug des Schicksals setzt mich matt:
Matt werden kann ja nur der König!
(Ferd. Freiligrath)

I. Das Mattnetz

Mattbilder. Knüpfung des Mattnetzes. Typische Mattkombinationen

Mattwerden kann ja nur der König! Das ist das ganze ABC des Schachspiels. Geben wir auf, weil wir etwa einen Turm verloren haben? Nein, sondern weil wir mit dem reduzierten Material auf die Dauer das Matt nicht verhindern können. Dies wird leider oft nicht beachtet, und die Gefahr, den Schachsieg in zwei Teile (Mattsieg und Beraubungssieg) zu zerlegen, liegt dabei nahe. Das Schachspiel aber kennt keinen Beraubungssieg! Selbst ganz wenige Figuren können gegen eine große Übermacht den Sieg erringen, wenn es ihnen gelingt, den feindlichen König mattzusetzen.

Das, was dem Schachfreund am besten gefällt, sind daher Mattkombinationen, denn sie bringen sofort eine klare Entscheidung. Mit ihnen wollen wir unser Buch eröffnen.

Einfache Mattbilder

Mattbilder muß man sehen, man muß sie kennen. Dann werden die darauf hinzielenden Kombinationen leichter verständlich und jeder wird sie in eigenen Partien selbständig wiederfinden können. Nachstehend folgt eine Auswahl oft wiederkehrender Mattstellungen, deren Herbeiführung durch Beispiele aus der Praxis erläutert wird.

Am leichtesten ist ein Matt mit schweren Figuren zu erzielen.

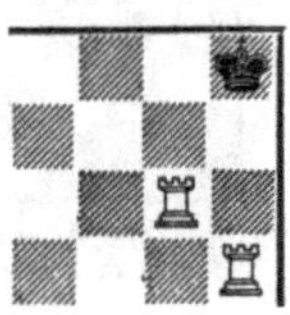

Sicherlich haben Sie das schon einmal kennengelernt — aber hoffentlich nicht als „Mattgesetzter“!

Gumprich

1

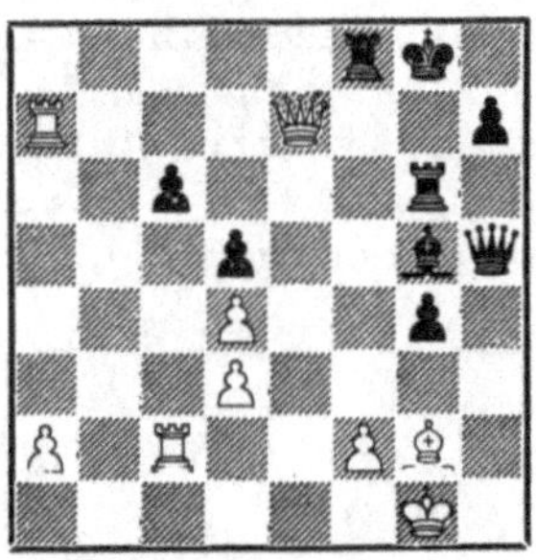

Budrich (am Zuge)
(Gespielt in Berlin 1950)

Damit es zum Zweitürme-Matt kommen kann, müssen 1. der Bc6 und 2. der Tf8 beseitigt werden: **1. Ld5:†! cd5: 2. Df8:†! Kf8: 3. Tc8† Ld8 4. Td8:‡.** Wer das Ziel nicht hat, kann den Weg nicht wissen.

2 Borodin

Soultanbeieff (am Zuge)
(Gespielt in Brüssel 1943)

Weiß am Zuge könnte mit dem Damenopfer auf h7 (von dem später noch besonders die Rede sein wird) das skizzierte Zweilinien-Matt der Türme erzwingen, wenn nicht der Tf3 gefesselt wäre. Spielt Weiß jedoch 1. Tgf1, so bannt Schwarz mit 1. . . . . Tg8 alle Gefahren. Bedenken wir nun aber folgendes: Die Da8 fesselt zwar den Tf3, ist aber auch an die Deckung des eigenen Turmes auf f8 gebunden. Weiß kann also unbedenklich mit **1. Tg2!** den Tf3 entfesseln und 2. Dh7:† Kh7: 3. Th3‡ drohen. 1. . . . . Df3: scheitert ja an 2. Df8:‡. Schwarz hat keine Verteidigung mehr.

3 Balogh (am Zuge)

Sedlazek
(Gespielt in Budapest 1953)

In diesem Schlußspiel sehen wir das Mattmotiv doppelt gesetzt: **1. . . . . Le8?** (Schwarz mußte unbedingt auf g3 tauschen.) **2. Dh7:†!!** mit zwei Mattbildern: 2. . . . . Th7: 3. Tg8:‡, bzw. 2. . . . . Kh7: 3. Th3† nebst Matt. Sehr instruktiv.

Wenn Sie diese Mattbilder mit unseren ersten vergleichen, werden Sie ohne weiteres den Unterschied erkennen: es sind auch schwarze Steine daran beteiligt. Und so wird es fast immer in der Partie sein: Ohne Mithilfe der feindlichen Figuren, die ihrem eigenen König die letzten Fluchtfelder versperren, wird sich nur selten ein Matt im Mittelspiel erreichen lassen.

Wie man sich solche Mattbilder zunutze macht, zeigen unsere nächsten Diagramme.

4 Yates

Dr. Aljechin (am Zuge)
(Internat. Turnier London 1922)

Zwingt die Bedrohung des Sf6 nicht zum Turmtausch? Nein! Die auf die 7. Reihe vorgedrungenen weißen Türme erlauben einen überraschenden Mattangriff: **1. Tg7:! Tf6:** (Erzwungen.) **2. Ke5!!** Und nicht sofort mit den Türmen Schach bieten! Der stille Zug ist viel kräftiger*). Zieht Schwarz nun den Tf6 nach f8 oder deckt ihn mit Ta8-f8, so gibt Weiß mit zwei Schachs das erste oben abgebildete Matt. Da der Tf6 sich auch nicht anders in Sicherheit bringen kann, muß Schwarz ihn preisgeben und hat dann die Qualität weniger.

Was nun das Thema vom „stillen Zuge" in der Angriffsführung anbetrifft, so dürfte auch unser nächstes Beispiel überzeugend sein. Das Mattbild ist allerdings wieder von etwas anderer Art; aber es sind natürlich viele Variationen denkbar.

Sadowsky (am Zuge)

5

Dr. Lunau
(Gespielt in Annaberg 1951)

Schwarz hielt durch **1. . . . . Dg1†? 2. Kg3 De3† 3. Kh2 Dg1†?** Remis, statt mit dem stillen Zuge 1. . . . . De1! (was auch im 3. Zuge noch möglich war) leicht zu gewinnen.

*) Allerdings weist der Berliner Meister *Teschner* darauf hin, daß auch 2. Th7† Kg8 3. Tcg7† Kf8 4. Ke5 geschehen konnte — also einmal ein Fall, wo beides richtig war — „stille" und „laute" Züge. Dennoch ist der Textzug mit dem Mattgedanken logischer.

Die Mattdrohung auf h1 zwingt zu 2. g4, dann aber folgt 2. . . . . Th1† 3. Kg2 Df1† 4. Kg3 Th3:‡.

Hier sehen wir den Turm durch einen anderen weißen Stein unterstützt; zunächst ist es ein Bauer. Läufer und Springer folgen.

Raubitschek

6

Capablanca (am Zuge)
(Gespielt 1907 in New York)

Da die schwarze Dame das Matt auf a7 verhindern muß, kann sich Weiß den kecken Zug **1. Tf1!** erlauben. Es folgte **1. . . . . Dd4 2. Tf5,** um nun evtl. mit 3. Ta5 den Druck gegen a7 entscheidend zu verstärken. (Wie Schwarz dachte; in Wirklichkeit hat Weiß noch eine viel giftigere Fortsetzung!) **2. . . . . e3.** Er hofft auf 3. Ta5 Df4† mit ewigem Schach. Jedoch: **3. Ta7:†! Da7: 4. Ta5!** Gegen Da7:‡ hat Schwarz nun nur die Parade **4. . . . Da6:,** und damit kommen wir zu der abgebildeten Mattstellung: **5. Ta6:‡.**

. . . . Wer solche Stellungen in seinem (schachlichen) Unterbewußtsein aufbewahrt, wird manchen Reinfall vermeiden und manchen Einfall haben.

7

Dr. Tröger (am Zuge)

Ernst
(Gespielt in Stuttgart 1948)

In höchster beiderseitiger Zeitnot geschah **1..... Tb8 2. Ta3† Da3:** und die Partie wurde Remis gegeben, worüber besonders Ernst sehr froh war; hatte er nicht nach 3. Db8:† Kb8: 4. ba3: eine Figur zu wenig? Da wies Altmeister Sämisch auf den prächtigen Zug 3. c7!! hin, der nach 3. .... Da7 (3. .... Tb6: 4. c8D†) 4. Dc6† Db7 5. Da4† Da7 6. cb8: D† Kb8: 7. Dc8† Kb7 8. Df7:† Ka6 9. Df3: ein gewonnenes Endspiel für Weiß ergibt. Sehr scharfsinnig, nicht wahr?

Erst viel später fanden einige Schachfreunde heraus, daß auf 1.... Tb8 ganz einfach 2. Da6†! Da7 3. Ta3! gewonnen hätte, der ganze Scharfsinn also nicht nötig war. Ganz wie es Capablanca bereits vorexerziert hatte . . .

Die Verbindung Turm-Läufer ist im Mittelspiel zur Herbeiführung von Mattstellungen recht häufig, wobei auch mitunter der Turm oder der Läufer durch die Dame ersetzt wird.

(Der Einfachheit halber ist in allen Mattbildern Weiß der Mattsetzende; in den Beispielen aus der Praxis wird es aber oft genug auch Schwarz sein.)

Marlow

8

Heintz (am Zuge)
(Gespielt in Würzburg 1950)

Wer sich an das erste obenstehende Mattbild erinnert, zieht ohne weiteres 1. Dg4:! (damit der Springer nicht auf h6 verteidigen kann) 1. .... fg4: 2. Sg6†! hg6: 3. hg6:† nebst Matt. Stattdessen spielte Weiß kunstvoll **1. Sg6† hg6: 2. hg6:† Sh6 3. Th6:† gh6: 4. d5† Tf6 5. Dh5 Kg7 6. 0—0—0 Sd7 7. d6 Df8 8. dc7:**, und gewann schließlich auch damit. Aber nicht immer schenkt Caissa doch noch den Sieg, wenn ein augenfälliges Matt nicht gesehen wurde.

H. Stoner (am Zuge)

9

N. N.
(Gespielt in U. S. A. 1924)

Gelingt es hier, den weißen König nach h2 zu locken, so könnte ihm eine schwere schwarze Figur auf h8 den Garaus machen. Störend wirkt eigentlich nur noch der Lf4; diese Störung wird unter zahlreichen Opfern beseitigt: **1.... Th2:†! 2. Lh2: Sg3†!** (Erst Hin- und nun wieder Weglockung!) **3. Lg3: Dh8† 4. Lh2 Dh2:†!** (Und nun Beseitigung!) **5. Kh2: Th8† 6. Dh5 Th5:‡.** Siehe das abgebildete Matt, diesmal von Schwarz ausgeführt.

Grosdov (am Zuge)

10

Maister
(Gespielt in der U.d.S.S.R. 1954)

Eine Variation unseres Themas mit einem eindrucksvollen Schlußangriff; **1..... Th3:†! 2. gh3: Lf3† 3. Kh2 Sg4†! 4. hg4: h5!** knüpfte ein unzerreißbares Mattnetz. Weiß wollte noch mit **5. Lh6** (Th6:? 6. g5!) entschlüpfen, aber **5.... hg4:!** erzwang doch die entscheidende Öffnung der h-Linie für den schwarzen Turm. Eine sehenswerte Kombination.

(11) Schwarz zog hier **1..... Sg4!**, ein unerwarteter Zug, denn der Springer kann geschlagen werden. Aber Schwarz hat das L/T-Mattbild im Auge, das wir nun schon kennen. Es kam **2. fg4:** (was sonst? Es droht

Prof. P. Bohl (am Zuge)

11

H. von Ehlert
(Gespielt 1901 in Riga)

Dh2‡, aber auch Se3:, und auf Lf4 folgt am stärksten Dc5†) **Dh2†! 3. Kh2: Lf2†** nebst Matt. Mit dem Damenopfer wurde der König in das Abzugschach hineingezwungen.

Szabados

12

Udovcic (am Zuge)
(Gespielt in Zürich 1952)

Wenn der Td5 nicht wäre, könnte Weiß mit 1. Dg8†! Tg8: 2. Sf7 nach dem Schema des erstickten Matts mattsetzen. So aber nimmt der schwarze König auf g8. Wohl ist der „Desperado"-Zug 1. Ta5: möglich, doch Schwarz wird natürlich nicht 1..... Da5:? antworten.

Hingegen kann Weiß mit **1. Sg6†! hg6: 2. Th5†! gh5: 3. Dh5:‡** unser T/L-Mattbild erzwingen — was er auch tat. Gewiß eine überraschende Schwenkung!

13 T.

K. Richter (am Zuge)
(Gespielt in Berlin 1935)

Hier sind weiße Bauern in hervorragender Weise beteiligt. Der Läufer steht schon bereit, nur die Turmlinie muß noch geöffnet werden. Das geht folgendermaßen: **1. Dd8† Df8** (Lf8, Th6:†, Kg7, Th7‡) **2. Th6:†! Lh6: 3. Df6† Dg7** (Lg7, Th1‡. Da wäre es schon passiert!) **4. Th1! Df6: 5. ef6:.** Das Netz ist zugezogen, gegen Th6:‡ ist Schwarz machtlos. Die weißen Bauern tragen den Hauptanteil am Mattnetz.

Wir sahen nun schon in mehreren Stellungen die Gefahr, die eine offene Turmlinie des Gegners für die eigene Rochadestellung bedeutet.

Läufer-Turm können auch so oder ähnlich mattsetzen; wenn man solch Mattbild kennt und in der Partie auch wiederfindet, werden Kombinationen wie die folgende nicht schwer fallen.

(14) **1. Da8† Kh7 2. Dh8†! Sh8: 3. Tg7‡.**

Eine Variation des Mattbildes zeigt das Schlußspiel Nr. 15.

14 R. Koss

J. Berger (am Zuge)
(Gespielt in Graz 1882)

Romanow (am Zuge)

15

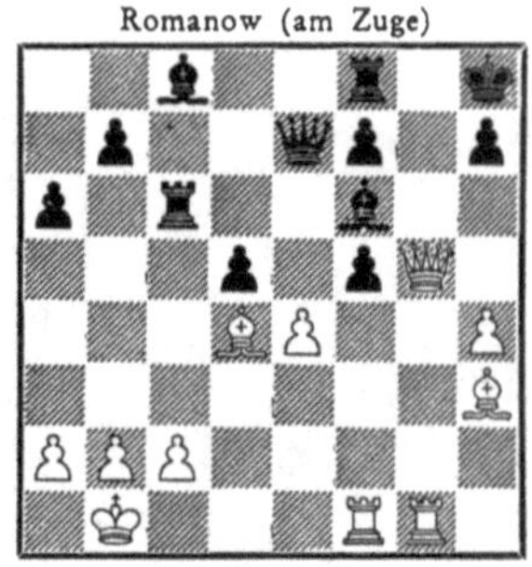

Zuralaw
(Gespielt in Kalinin 1952)

Den Punkt f6 hatte Schwarz gerade noch notdürftig mit d6—d5 gedeckt. Nun aber ereilte ihn das Geschick in Gestalt unseres T/L-Mattbildes: **1. Dg7†! Lg7: 2. Lg7:† Kg8 3. Lf6‡.** Sehr elegant.

16 Ovenden

Hayden (am Zuge)
(Gespielt in Sussex 1952)

Ein Abzugschach des Tg7 scheint zu nichts zu führen, da der Lb2 angegriffen ist. Auf 1. Lf6 Sf2:† 2. Kg2 Se4: ist er aber nicht besser daran.

Jedoch: der Turm und sein Double! Nicht der Tg7 setzt matt, sondern der Ta1: **1. Tg8†!** (Doppelschach!) **Kg8: 2. Tg1‡.** Eine typische Wendung.

Am weitaus häufigsten sind L/T-Mattstellungen, die sich aus nebenstehendem Schema ableiten. Hier steht uns aus der Praxis eine ganze Reihe von Beispielen zur Verfügung.

v. Scheve

17

Marshall (am Zuge)
(Turnier zu Monte Carlo 1904)

Mit **1. Lh6!** machte Weiß der Partie sofort ein Ende; gegen Tf8‡ hilft nur 1. . . . . Te8, aber nun kann die feindliche Dame geschlagen werden, ohne daß die eigene hängt.

Ein Idealbild zeigt die nächste Stellung (Nr. 18):

Hier dient das Mattbild dazu, den Gegner in einem tragikomischen Gefängnis festzuhalten. Es folgte **1. b3 a5 2. bc4: De7 3. Kg2 Da3 4. Tf2.** Weiß, offenbar in Zeitnot, läßt sich auf nichts ein. Schneller ging es (nach *Gusew*) mit 4. Tf7! Db2† 5. Kg3

Awerbach

18

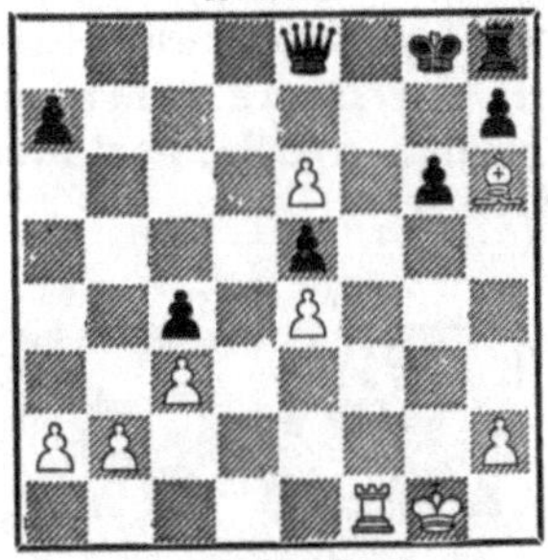

Gusew (am Zuge)
(Mannschaftskampf, Moskau 1946)

Dc3:† 6. Kg4 Da3 7. c5! Dc5: 8. Tg7† usw. **4. . . . . De7 5. Tf1 g5 6. Tf5 g4.** Jetzt muß die Dame auch noch das Feld g5 decken, kann also nur zwischen e7 und d8 pendeln und ist gegen den Vormarsch des c-Bauern ohnmächtig. **7. c5 Dd8 8. c6 De7 9. c7.** Schwarz gab auf.

Hillel

19

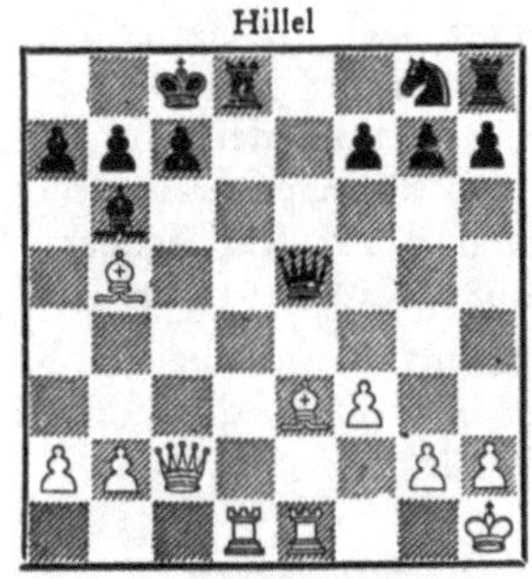

Anderssen (am Zuge)
(Meisterturnier Breslau 1859)

Alle weißen Figuren glänzend entwickelt, Schwarz dagegen in der Entwicklung noch sehr zurück: das gibt einen guten Boden für Kombinationen. Es geschah **1. Lg5!.** Freilich hätte auch 1. Td8:† Kd8: 2. Lg5†! gewonnen, die Textfortsetzung ist aber eleganter. **1. . . . . Dg5: 2. Df5†!.** Um die Dame von der Deckung des Td8 abzulenken. **2. . . . . Df5: 3.**

Td8:† Kd8: 4. Te8‡. Da haben wir also das oben abgebildete Matt, nur „anders herum". Es war möglich, weil Sg8 noch nicht gezogen hatte.

Prof. Becker

20

Grünfeld (am Zuge)
(Meisterturnier Wien 1934)

Wenn man solche Mattstellungen kennt, wird man auch hier nicht vor dem stärksten Zuge **1. Tb1†** zurückschrecken, weil Tc8 hängt. Denn auf Kc8: haben wir ja Tb8‡!. Schwarz ist ohne Rettung; denn auf Sb4 (Sb6) geht der Springer nach Tb8† verloren, und auf Ka7 erobert Weiß mit Lb8†, Ka8, Le5† den Td4.

Berühmt ist nachfolgende Kombination *Morphys*, die im gleichen T/L‡ mündet.

Herzog Karl von Braunschweig und Graf Isouard

21

Morphy (am Zuge)
(Gespielt in Paris 1858)

1. Sb5:! cb5: 2. Lb5:† Sbd7 3. 0—0—0 Td8 4. Td7:! Td7: 5. Td1 De6 6. Ld7:† Sd7: 7. Db8† Sb8: 8. Td8‡. Eine klassisch-schöne Freimachung aller Linien für die mattgebenden Figuren!

Ähnliche „Linienräumungen" zeigen die Diagramme 22—24.

Haida, Brünn (am Zuge)

22

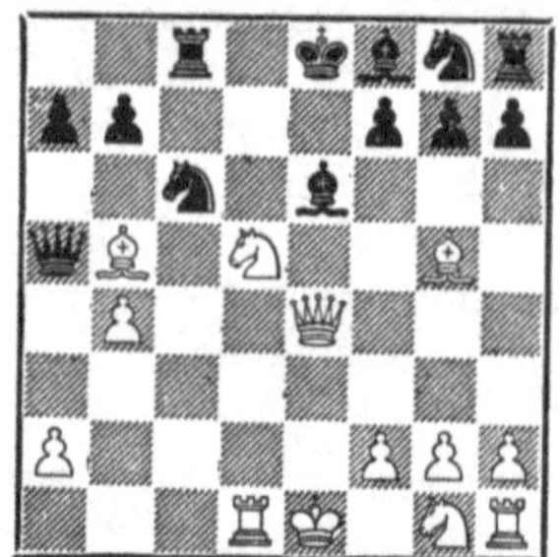

Dr. Skalicka (Prag)
(Städtewettkampf 1933)

Schwarz darf nicht Db5: spielen. Warum nicht? Weil er nach **1. . . . . Db5:** mit **2. Sc7†! Tc7: 3. Dc6:†** nebst **4. Td8** mattgesetzt wird!

A.

23

Prinz Dadian von Mingrelien (am Zuge)
(Aus einer 1894 zu Odessa gespielten Partie)

Besonders effektvoll ist die Mattführung hier, weil der König durch ein Damenopfer in ein Doppelabzugschach (die größte Freude für den, der es geben kann, aber niederschmetternd für den, der es bekommt!) hineingezwungen wird.

1. Sc7†! Sc7: 2. Dd8†! Kd8: 3. Lg5† Ke8 4. Td8‡.

Amateur

24 

Capt. Mackenzie (am Zuge)
(Aus einer 1891 gespielten Partie)

1. Ld5 Tc8 2. Te5:†! de5: 3. De5:†! De5: 4. Lc6†! Tc6: 5. Td8‡.

Wir haben nun schon des öfteren bemerkt, daß der Mattüberfall hauptsächlich deshalb gelang, weil der feindliche König noch inmitten des Brettes stand. Warum auch hat er es versäumt, zu rochieren! Geschieht ihm schon recht. Aber denken Sie bitte ja nicht, daß mit der Rochade alle Gefahren vorbei sind. Auch da kann — wenn wir nicht auf der Hut sind — der Gegner noch das T/L-Mattbild anbringen. Siehe die nächsten Diagramme!

Dr. Olland

25 

O. Duras (am Zuge)
(Meisterturnier Karlsbad 1907)

Schwarz hat die weißen Figuren in seinen Königsflügel eindringen lassen; seine letzte Hoffnung ist der Lg4. Aber mit **1. Lf8† Lh5 2. Dh5:†! gh5: 3. Th6‡** vernichtete Weiß auch diese.

Trojanescu

26 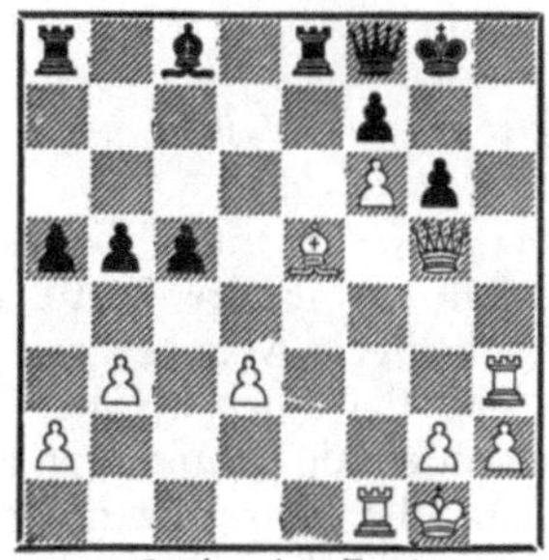

Gereben (am Zuge)
(Zonenturnier Budapest 1952)

1. Dg6:†! fg6: 2. f7†!. Elegante Linienräumung samt Lenkung! **2. . . . Df7: 3. Th8‡.**

Rellstab

27 

Weißgerber (am Zuge)
(Meisterschaft von Deutschland, Pyrmont 1933)

In dieser Stellung verdient die Art, in der der König in das T/L-Matt (nur daß hier die Dame die Rolle des Turmes übernimmt) hineingezwungen wird, besondere Beachtung. Was alles im Schach so möglich ist! Und dabei sind wir erst am Anfang unseres Buches.

1. Dd8† Kg7 2. Tg5:†. Nicht, um mit Dg5: nun weiter fleißig Schach zu geben, sondern um dem Bh5 freien Weg zu schaffen. **2. . . . . hg5: 3. h6†!.** Das wars! Der feindliche König wird ins Verderben gelockt. **3. . . . . Kh6: 4. Dh8† Th7 5. Dh7:‡** Und wenn wir uns nun statt der Dame einen Turm auf h7 denken, sind wir glücklich wieder beim alten Mattbild angelangt.

„Das kenne ich nun! Ein solches Matt soll mir in der Partie nicht mehr entgehen!" Aber vergessen wir nicht, daß das Spielgeschehen bunt und mannigfaltig ist und man daher nicht an alles denken kann. Sogar ein Meister wie *Bogoljubow* ließ einmal ein ähnliches Matt aus. Das Einfachste ist im Schach meist auch das Schwierigste.

Bogoljubow (am Zuge)

28

Sultan Khan
(Länderkämpfe des Weltschachbundes, Prag 1931)

Bogoljubow zog hier Lc4 und erreichte später nur remis. Stattdessen hätte er, pochend auf die unglückliche Stellung des weißen Monarchen und seines ihn auf Schritt und Tritt behindernden Vasallen auf g3, das Matt erzwingen können. **1. . . . . Te4†!.** Der Turm opfert sich, um dem Läufer das Schach auf d7 zu ermöglichen. **2. Se4:.** Falls Kh3, so Lf1† usw. Der unglückselige Tg3! **2. . . . . Ld7† 3. Kh4 Th2† 4. Th3 Th3:‡.** Es ist die alte Geschichte, und doch ist sie ewig neu . . .

Nebenstehendes Mattbild Turm-Springer ist der Traum, aber auch der Schrecken jedes Anfängers! Der mattgebende Turm kann sich auch das Feld g8 aussuchen, und davon handeln unsere beiden folgenden Stellungsbilder.

Flamberg

29

Post (am Zuge)
(Meisterturnier Mannheim 1914)

Hier ist die Mattführung nur eine Kleinigkeit und bereitet gar keine Schwierigkeiten: **1. Dh7:†!.** Der im Wege stehende Tg7 wird weggelenkt. **1. . . . . Th7: 2. Tg8:‡.**

Etwas mehr überlegen muß man schon im nächsten Beispiel (30).

Der schwarze Königsflügel scheint ganz gut geschützt, nur die Schwäche der 8. Reihe stimmt bedenklich. Zudem steht die schwarze Dame abseits vom Kriegsschauplatz. Weiß zog **1. Tf6:!.** Öffnet der Dame die Aussicht nach g8, falls Schwarz das Opfer annimmt (1. . . . . gf6: 2. Sf6:† Kh8 3. Dg8‡. Die Dame in der Rolle des Turmes!). Schwarz lehnte

Henneberger

30 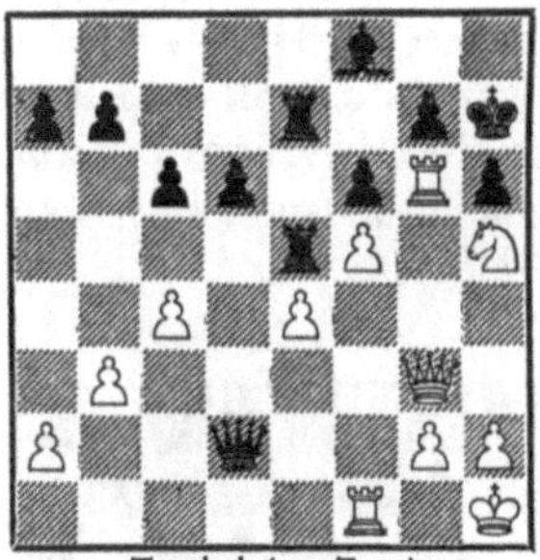

Treybal (am Zuge)
(Länderkämpfe Haag 1928)

aber ab: **1. . . . . De2.** Nun sind beide Türme und der Springer von Weiß angegriffen, guter Rat also teuer? Nicht doch! Der weiße Turm hat es sich nun einmal in den Kopf gesetzt, sich zu opfern: **2. Th6:†!.** Diesmal ein Volltreffer! Auf Kh6: setzt Dg6, auf gh6: Sf6:† nebst Dg8 und auf Kg8 Sf6† nebst Dg6 matt.

Und nun nimmt die Kombination sich das Mattbild auf dem Felde f8 zur Grundlage.

Alexandrescu

31 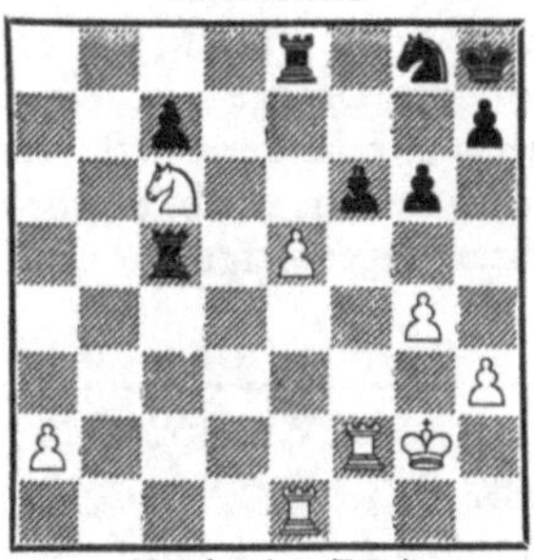

Tyroler (am Zuge)
(Gespielt in Bukarest 1951)

Nach **1. ef6: Sf6:** mußte Weiß in Nr. 31 nicht 2. Se7?, sondern **2. Te8:†! Se8: 3. Sd8!!** spielen. Es droht 4. Tf8† mit Springergewinn; 3. . . . . Kg7 4. Se6† kostet den Turm, ebenso 3. . . . . Kg8 4. Se6!, weil nun Matt auf f8 droht (siehe unser Mattbild). Schwarz kann also auf keine Weise entscheidende Materialeinbuße vermeiden.

Noch zwei Mattstellungen, die die Zusammenarbeit zwischen Turm und Springer zeigen.

Piazzini

32 

Casas (am Zuge)
(Gespielt in Buenos Aires 1952)

Ein verfrühtes Schach auf a5 hatte Schwarz in Nachteil gebracht. Nun kann Weiß bereits die Schlinge zuziehen: **1. Dh7:†!** Öffnet mitsamt dem nächsten Zuge die h-Linie für den Turm. **1. . . . . Kh7: 2. hg5:† Kg8.** (Eine pikante Beigabe ist, daß 2. . . . . Kg6 ebenfalls zum Matt führt: 3. Se7‡.)

3. Se7‡. Unser erstes Mattbild, etwas abgewandelt.

Noch eine Variation mag die vielfachen Anwendungsmöglichkeiten dieses Mattbildes dartun (33).

Die eingeklemmte Stellung des schwarzen Königs gab Weiß Gelegenheit zu einem glänzenden, für diese Art Matt typischen Überfall: **1. Tg5! Df6:** (Falls 1. . . . . Dg5:

33

Sutey

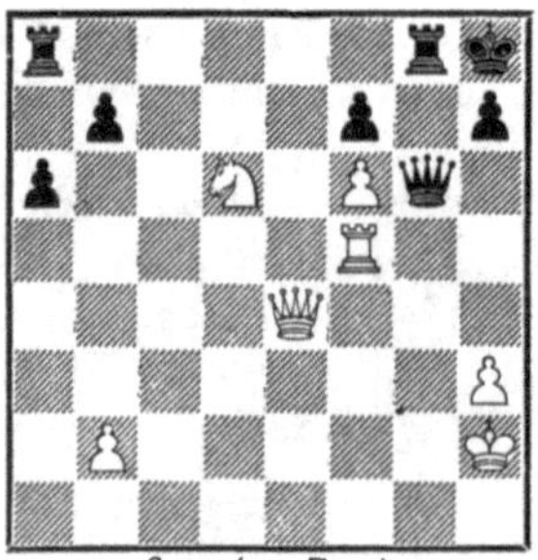

Suta (am Zuge)
(Mannschaftskampf, Bukarest 1953)

oder 1. . . . . De4:, so 2. Sf7: matt.) **2. Dd4!** (Nicht jedoch 2. De5?, denn dann könnte Schwarz mit Schach tauschen!) **2. . . . . Tg6 3. Tg6:!** und Schwarz gab auf. Der rote Faden in der Kombination war das Springermatt auf f7.

34

Beratende

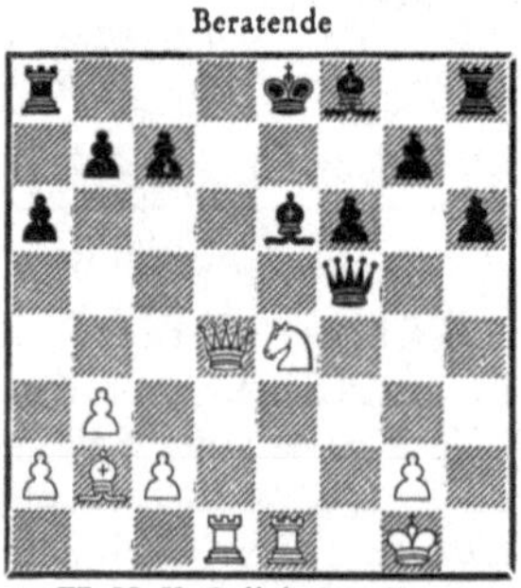

W. H. K. Pollok (am Zuge)
(Gespielt 1893 in Buffalo)

Schwarz ist nicht dazu gekommen, den König aus der Brettmitte zu entfernen. Er hat sogar zulassen müssen, daß die schweren Geschütze von Weiß eine Idealstellung bezogen haben. Kein Wunder, daß es nun unter Donner und Blitz zu Ende geht! **1. Dd7†!.** Vorbereitung für ein furchtbares Doppelschach! **1. . . . . Ld7: 2. Sd6† Kd8 3. Sf7† Kc8 4. Te8†!.** Freie Bahn dem Tüchtigen! **4. . . . . Le8: 5. Td8‡.** Aha! Das andere T-S‡! — Ein merkwürdiger Zufall will es, daß sich die gleiche Kombination in ähnlicher Stellung 38 Jahre später noch einmal ereignete:

35

N. N.

F. Post (am Zuge)
(Gespielt in Berlin 1931)

Text und Musik wie bei Diagramm 34!

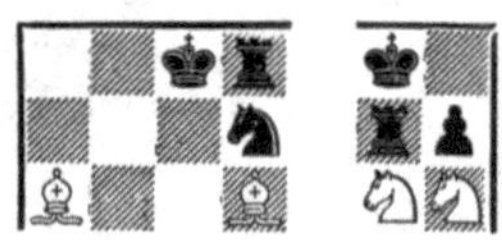

Ein Zweiläufermatt, wie es öfter vorkommt. Dagegen ist ein Zweispringermatt in der Partie verhältnismäßig selten, doch ergeben sich mitunter eigenartige Konstellationen.

36

N. N.

Canal (am Zuge)
(Aus einer 1934 gespielten Simultanpartie)

Hier „schießt" der Lf4 recht kraftvoll in die schwarze Stellung hinein, und der Le2 liegt tatendurstig auf der Lauer. Schwarz hat mit der Dame beide Türme des Gegners verspeist, dabei aber den König schutzlos zurückgelassen. Die Strafe (**1. Dc6:†! bc6: 2. La6‡**) folgt auf dem Fuße.

Kochtaria

37 

Prinz Dadian von Mingrelien (am Zuge)
(1892 im Kaukasus gespielt)

Wer unser Zweispringer-Mattbild genau betrachtet, wird hier leicht auf die Idee kommen. **1. Sg6† Kg8 2. Dg7†!**. Einesteils, um dem Sf5 das Feld h6 freizumachen, aber auch, um den Tf7 zur Blockung des Feldes g7 zu veranlassen. **2. . . . . Tg7: 3. Sh6‡**. Man sieht auch hier wieder, daß die zahlenmäßige Übermacht an einer Stelle die Entscheidung bringt: fast die ganze weiße Armee greift den schwarzen König an, der nur notdürftig durch Turm und Bauer verteidigt ist.

Couvée

38 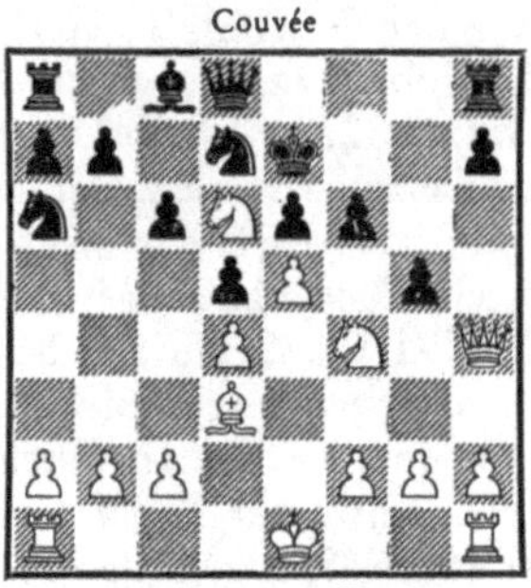

A. Speyer (am Zuge)
(Gespielt in Amsterdam 1902)

(38) Noch ein lustiges Zweispringermatt. Der König ist hier mitten auf dem Brett so unglücklich von seinem Gefolge umgeben, daß ihm zwei Springer den Garaus machen können. **1. Dh7:†! Th7: 2. Sg6‡**. — Ein auf d6 (bzw. d3) eingedrungener Springer ist ein sehr störender Fremdkörper, der nach Möglichkeit beseitigt werden muß.

Läufer und Springer ergänzen sich im Mittelspiel sehr glücklich bei der Jagd auf den feindlichen König.

N. N.

39 

Sikorski (am Zuge)
(Aus einer in Gleiwitz 1934 gespielten Turmvorgabepartie)

Weiß steuert hier zielbewußt auf das erste Mattbild los: **1. Sf5! Le1: 2. Sh6†! Kh8.** Falls gh6:, so Df6 mit undeckbarem Matt. **3. Df6!**. Ähnliche Überfälle kommen immer wieder vor; auf gf6: setzt Lf6: matt, und Tg8 wird mit Sf7:‡ beantwortet.

40

Bogdanowsky

Gudin (am Zuge)
(Gespielt in Paris um 1927)

Hier würde Sf6 mattsetzen, wenn nicht die Df5 wäre. Sie gilt es also, abzulenken. Man könnte hier wie beim Neudeutschen Problem folgern: Hauptplan: Sf6‡, 1. Vorplan: Dg4† (um die Df5 wegzulocken), geht nicht, weil Te2 im Wege steht, also 2. Vorplan: Te8†, um ohne Zeitverlust den Te2 „loszuwerden". Mithin: **1. Te8†! Te8: 2. Dg4†! Dg4: 3. Sf6‡.** Überzeugende Logik, nicht wahr?

41

S. Wishniakow

L. E. Owen (am Zuge)
(Gespielt in Nishny-Nowgorod 1904)

Weiß, der mit vier Figuren im Angriff ist, komponierte folgenden schönen Schluß: **1. Dg8†!**. Motiv: wieder das Doppelschach. **1..... Kg8:** Falls Tg8:, so Sf7‡. — Ersticktes Matt, auf das wir noch zu sprechen kommen. **2. Se7† Kf8** (Kh8, Sf7‡) **3. S7g6† hg6: 4. Sg6:‡.**

Das ist ja eine ausgefallene Mattstellung mitten auf dem Brett! Mit drei leichten Figuren! So etwas kommt ja kaum vor!" Dabei handelt es sich tatsächlich um das Schlußbild einer sehr oft wiederkehrenden Kombination, der wohl jeder Lernende einmal, wenn nicht öfters, erliegt.

42

N. N.

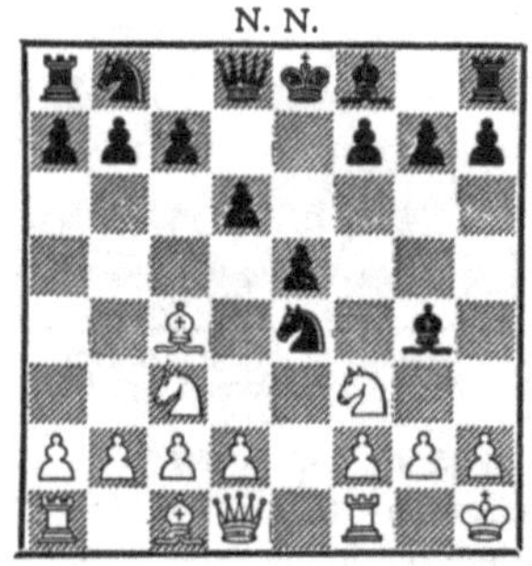

Dr. Hartlaub (am Zuge)
(Gespielt in Bremen 1890)

Ein Beispiel von vielen. Mit **1. Se5:!** wird der verdutzte Gegner peinlich überrascht; der Sf3 durfte doch gar nicht ziehen, er war doch gefesselt! Aber nimmt Schwarz nun die Dame, um den Gegner für Nichtachtung der Fesselung zu strafen, so folgt das oben wiedergegebene Matt: **1..... Ld1: 2. Lf7:† Ke7 3. Sd5‡.** Er tut daher am besten, den Se5 zu schlagen; nach Dg4: hat Weiß dann einen wichtigen Bauern gewonnen.

Hier lief die Sache für Schwarz noch einigermaßen glimpflich ab; in vielen anderen Fällen aber steht auf e5 kein schwarzer Bauer, sondern ein schwarzer Springer, den Schwarz eben dorthin gezogen hat, um den

„gefesselten“ Sf3 ein weiteres Mal anzugreifen. Dann aber wirkt Se5:! noch viel unangenehmer!

„Endlich! Endlich kommt auch

einmal die Dame zu Wort. Bisher sahen wir sie nur als fünftes Rad am Wagen, als L- oder T-Ersatz, allenfalls noch als nicht sehr 'wirkungsvolle Mitwirkende beim Mattbild der drei schweren Figuren.“ Wirklich? Haben wir ganz vergessen, daß die Dame bei vielen Mattkombinationen eine entscheidende Rolle spielte, daß erst ihre selbstlose Aufopferung den anderen Figuren den Weg zum Siege freimachte? Bei den meisten Mattkombinationen des Mittelspiels ist die Dame in hervorragender Weise beteiligt.

Regensburg

43

Mannheim (am Zuge)
(Städtewettkampf 1912)

Wie kommt man mit der Dame nach h7, ohne Schwarz Zeit zu Verteidigungszügen zu lassen? Die Türme sind es, die der Dame eine Brücke bauen, die durch ihr Opfer ihrem König zum Siege verhelfen. **1. Th8†! Kh8: 2. Th1† Kg8 3. Th8†! Kh8: 4. Dh1† Kg8 5. Dh7‡.** Eine eindrucksvolle Mattsetzung, aber im Grunde doch für den fortgeschrittenen Schachspieler selbstverständlich und bar jeder Schwierigkeit.

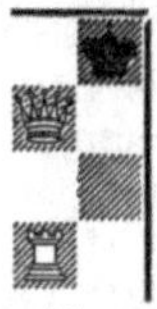

Das durch den Turm gestützte Matt der Dame ist eines der häufigsten Mattbilder im Schach.

Bares (am Zuge)

44

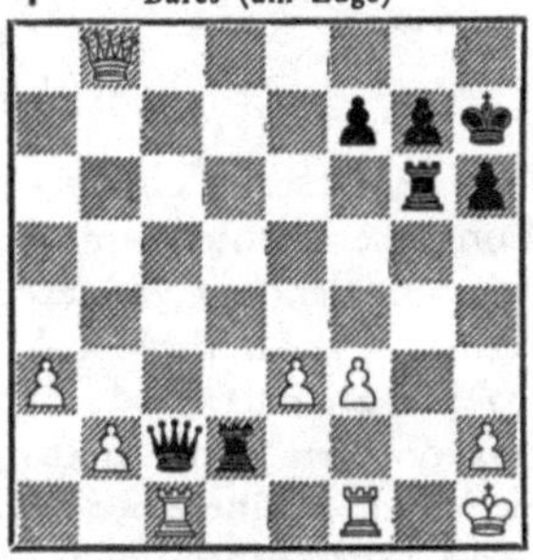

Landsberger
(Mannschaftskampf, Berlin 1948)

Hier konnte es Schwarz mit dem glänzenden Zuge 1. . . . . Td1! entscheidend drohen; 2. Tc2: scheitert dann an 2. . . . . Tf1:‡. Schwarz spielte aber **1. . . . . Df5** und gewann allerdings auch: **2. Tc8** (? Etwas besser war 2. Df4, nicht aber 2. Db4 Th2:†.) **2. . . . . Df3:†!** Weiß gab auf. Immerhin hätte der unterlassene Glanzzug auch schlimmere Folgen haben können.

Romani (am Zuge)

45

Castaldi
(Internat. Turnier San Benedetto del Tronte 1953)

Weiß glaubte, der Gegner müsse die Damen tauschen, aber es kam eine Teufelei: **1. . . . . Sd3†!**, wobei nach 2. cd3:? Dc6† das waagerechte Stützmatt der Dame auftauchen würde. Weiß zog deshalb **2. Kd1 Sf4: 3. gf4: Dh2:** und gab bald darauf auf. Nur wer die Mattbilder kennt, findet solche Kombinationen.

Mit diesen Ausführungen wollen wir das Kapitel „Einfache Mattbilder“ schließen. Wir werden in den folgenden Abschnitten indessen noch genug andere (auch einfache!) Mattbilder zu sehen bekommen.

Erstickungstod des Königs

Schon bei unseren bisherigen Betrachtungen erkannten wir des öfteren, wie sehr den mattgesetzten König Figuren eigener Farbe behinderten. Von unseren nachfolgenden Stellungen aber kann man sogar das nicht sehr schöne, aber durchaus treffende Wort gebrauchen: Er erstickt im eigenen Fett.

Am bekanntesten ist das erstickte Matt, dessen Grundelemente sich in nebenstehender Stellung finden.

Die Aufgabe besteht darin, den Tf8 nach g8 zu zwingen, um dann den hilflosen König mit Sf7‡ „ersticken“ zu können. Das wird folgendermaßen erreicht: **1. Sf7† Kg8** (Tf7:, De8†! nebst‡) **2. Sh6† Kh8 3. Dg8†! Tg8: 4. Sf7‡.** Der Springer muß erst nach h6 gebracht werden, denn auf sofort Dg8† nimmt Schwarz natürlich schlauer Weise mit dem König. Diese Mattwendung kommt sehr oft vor, allerdings auch häufig unter Mitwirkung anderer Figuren, wie uns die Diagramme 46 und 47 zeigen. Schwarz machte sich hier seine Kenntnis des erstickten Mattes zunutze: **1. . . . . Dd6† 2. Kh3 Sf4† 3. Kg3 Sh5†.** Man beachte die Führung des Springers! **4. Kh3 Dg3†! 5. Tg3: Sf4‡.**

K. Richter (am Zuge)

46

B. K.
(Gespielt in Berlin 1929)

N. N.

47

Dr. Aljechin (am Zuge)
(Simultanvorstellung, Preßburg 1933)

Hier muß der weiße Springer erst einen kleinen Anmarsch machen, um die im Schema angegebene Stellung zu erreichen. Dann aber ergibt sich das übrige von selbst. Die Rolle des schwarzen Bh7 übernimmt in der Schlußwendung der weiße Ld3. Also: **1. Sg6† Kh7 2. Se5† Kh8.** Falls g6, so Df7† nebst Sg6:‡. **3. Sf7† Kg8 4. Sh6:† Kh8 5. Dg8† Tg8: 6. Sf7‡.**

In der Partie wird es ja nicht immer zur Anwendung des erstickten Matts kommen: schon allein seine Androhung kann zu erheblichem Stellungs- oder gar Materialvorteil führen.

Klaarwater

48

H. Reyss (am Zuge)
(Vereinswettkampf Rotterdam 1932)

In dieser Partiestellung zum Beispiel machte Weiß den verblüffenden Zug **1. Tc8!?**, wobei er sah, daß 1. . . . . Tc8: an 2. De6:† Kh8 3. Sf7† Kg8 (Tf7: 4. Dc8:†) 4. Sh6† mit folgendem ersticktem Matt scheitert. Schwarz, leicht angeschlagen durch den unerwarteten Zug des Gegners, antwortete **1. . . . . Te7?** und verlor nach dieser Schwächung der 8. Reihe schnell: **2. Dd8!** droht Matt auf f8; auf 2. . . . . Td8: führt 3. Td8:† zum Matt und auf 2. . . . . T7e8 kann Weiß weiter schlagen. Daher: **2. . . . . Tef7.** Nun aber ein dritter Keulenschlag: **3. Sd7!.** Schwarz darf die Dame immer noch nicht schlagen; die Drohung Df8:† nebst Tf8:‡ kann er zwar mit h6 decken, dann aber kommt einfach Sf8: und Weiß gewinnt leicht.

In den ersten Auflagen dieses Buches hatten wir als bessere Erwiderung auf 1. Tc8!? 1. . . . . fe5: 2. Te8: Dg4: empfohlen, womit Schwarz die Qualität, die er mehr besitzt, wieder zurückgibt und dem Remis zusteuert. Mehrere Schachfreunde machten uns aber auf ein Kolumbusei aufmerksam, das in der Stellung steckt. Sie ziehen auf 1. Tc8!? nicht minder elegant 1. . . . . Se3! 2. fe3: (erzwungen, da auf f1 und g2 Matt drohte) 2. . . . . fe5:! und nach dieser überraschenden Öffnung der f-Linie sitzt plötzlich Schwarz am längeren Hebelarm: das auf f1 drohende Matt zwingt den weißen Turm zurück und gibt Schwarz Zeit, seinen materiellen Vorteil auszubauen.

Also war die mit 1. Tc8!? eingeleitete Kombination ein Bluff, aber das kommt natürlich auch vor. Und deshalb heißt es in jedem Falle, kühles Blut bewahren und jede Kombination des Gegners auf ihre Echtheit prüfen. Oder möchten Sie erstickt Matt werden und sich nachher zeigen lassen, wie Sie es hätten verhindern können!?

Der König kann aber noch auf andere Art an Luftmangel zugrundegehen. Hierfür einige Beispiele:

Im ersten Bild ist statt des weißen Läufers auch die Dame denkbar. —

(49) Weiß hatte soeben einen schwarzen Springer auf e4 geschlagen im Glauben, Schwarz würde wiedernehmen (1. . . . . Le4:) und nach 2. De4: hätte er dann mit seiner

49

Pillsbury (am Zuge)

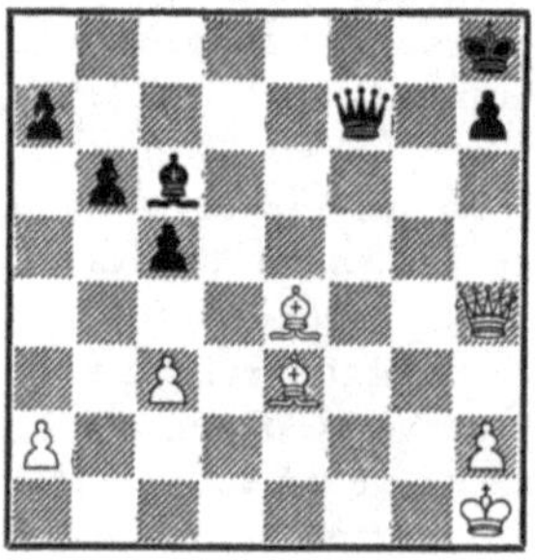

N. N.
(Aus einer freien Partie des großen Meisters)

Mehrfigur einen mühelosen Gewinn. Wer beschreibt aber sein Entsetzen, als ihn der Gegner mit **1. . . . . Df1†** **2. Lg1 Df3†!! 3. Lf3: Lf3:‡** auf hübsche Art mattsetzte. Man beachte den Lenkungscharakter des 1. Zuges von Schwarz, der den weißen Läufer dazu zwingt, seinem König das letzte Fluchtfeld zu nehmen. In dieser Hinsicht ist das nächste Beispiel fast noch charakteristischer.

50

Sämisch (am Zuge)

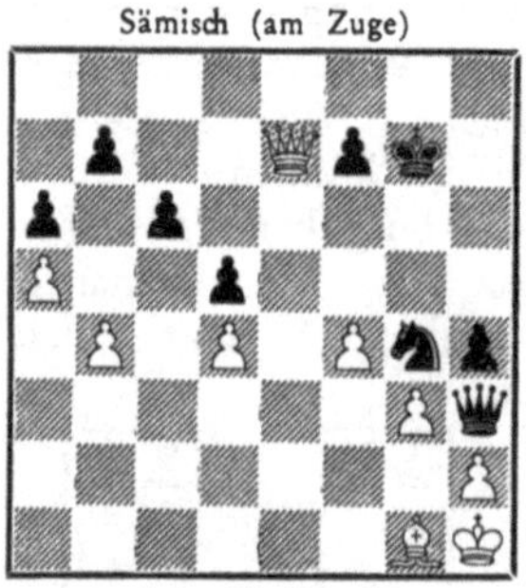

John (Variante!)
(Klubmeisterschaft Berlin 1932)

Der letzte weiße Zug De2—e7 (um auf 1. . . . . hg3: mit 2. Dg5† fortzusetzen) kam in der Partie nicht vor. Weiß verwarf ihn, weil er — eingedenk des Pillsburyschen Beispiels — die dann folgende Mattkombination klar erkannte: **1. . . . . Sf2†! 2. Lf2: Df1† 3. Lg1 Df3‡.** Die zwingenden Lenkungszüge! Sie bilden auch in dem folgenden Schlußspiel das Leitmotiv.

51

N. N. (am Zuge)

O. Andresen
(Gespielt in Christiania 1914)

Wie kann man hier mit Schwarz zur zweiten oben abgebildeten Mattstellung kommen? Ein Rezept dafür gibt es selbstverständlich nicht, da muß schon die Phantasie ein wenig mithelfen. **1. . . . . Lg2†! 2. Tg2: Df1† 3. Tg1.** Mit dem Läuferopfer hat Schwarz seine Dame nach f1 gebracht, gleichzeitig den Tg1 gefesselt. Wenn nun der Bh2 nicht wäre . . . Halt! Jetzt haben wir's! Mit **3. . . . . Sg3†! 4. hg3:** wird das letzte, den weißen König schützende Bollwerk beseitigt, und Schwarz kommt endlich zum heißersehnten Matt: **4. . . . . Dh3‡.**

In neuerer Zeit ereignete sich ein interessantes Gegenstück dazu (52):

Schwarz gewann elegant mit **1. . . . . Df2!! 2. Dc8† Kg7 3. Dc5.** Die einzige Verteidigung; doch nun folgt das uns schon bekannte Schlußspiel: **3. . . . . Tg1:† 4. Tg1: Df3†**

52

Soultanbeieff (am Zuge)

Prins
(Weihnachtsturnier Hastings 1949)

5. Tg2 Df1† 6. Tg1 Sg3†! 7. hg3: Dh3‡.

Auch beistehendes Matt ist eigentlich so eine Art „erstickten“ Matts; wir kommen auf ähnliche Mattwendungen in unserem nächsten Kapitel zu sprechen. Hier nur ein Beispiel:

53

Worms

Bittner (am Zuge)
(Mannschaftskampf, Aachen 1954)

Der verlockende Zug **1. Td5:?** erwies sich als entscheidender Fehler: **1. . . . . Tc7:!!** riß Weiß aus allen Illusionen. Jetzt droht die weiße Dame geschlagen zu werden, außerdem aber auch Tc1:† nebst Matt. 2. Tc7: bzw. 2. Dc7: verbietet sich wegen 2. . . . . De1† 3. Te1: Te1:‡. Also bekannte Weiß sich schweren Herzens geschlagen.

Auf der untersten Reihe

Die Sehnsucht jedes Turmes ist es, auf die 8. (bzw., wenn es ein schwarzer ist, auf die 1.) Reihe zu gelangen und den feindlichen König dort mattzusetzen. Besonders, wenn es so schön gelingt, wie im Schlußschema des letzten Abschnittes. „Ja, ja, das fehlende Luftloch!“, erklärt der kundige Thebaner und meint dabei die „ungezogenen“ Bauern der schwarzen Rochadestellung. Hätte nur einer von ihnen einmal gezogen, so wäre das Unglück nie passiert, denn der König hätte ein „Luftloch“ gehabt.

Auch ein anerkannter Großmeister denkt manchmal nicht an

54

Dr. Euwe

Reschewsky (am Zuge)
(Internat. Turnier New York 1951)

diese einfache Tatsache. So zog Reschewsky in der Bildstellung **1. Dd7?** — und streckte nach **1. . . . . Td8!** die Waffen. Wegen Td1:‡ muß die Dame stillhalten.

55

Darga (am Zuge)

Budrich
(Gespielt in Leipzig 1951)

Was dem Großmeister recht ist, ist dem Jungmeister billig. **1. .... Sfe6?** entfernte einen Schutz der 8. Reihe, den anderen beseitigte Weiß: **2. Dd8:†!** — und Schwarz gab auf (2. .... Sd8: 3. Te8‡). Ein altes Lied!

Aber auch wenn man ein Luftloch hat, sind solche und ähnliche Überfälle möglich; dann nämlich, wenn der Gegner das Luftloch illusorisch machen kann.

56

Morel (am Zuge)

H. Johner
(Coupe Suisse, Neuenburg 1952)

Weiß hatte unbedenklich, im Hinblick auf das Luftloch h2-h3, unter Figurentausch einen Bauern auf e4 gewonnen; aber nach **1. .... Ld6!** mußte er die Partie aufgeben. Warum, ist nunmehr leicht zu sehen.

57

Dr. Eschrich

R. Schneider (am Zuge)
(Gespielt in Berlin-Wilmersdorf 1935)

Hier hat der schwarze König auch kein „Luftloch", denn der weiße Bf7 und der eigene Te7 versperren ihm den Weg. Wie aber nutzt Weiß dies aus, zumal die Zugänge zur achten Reihe geschlossen sind und Bf7 ohne Deckung ist? Nun: mit **1. Dd6:! cd6:** wird dem Tc2 der Ausblick nach der 8. Reihe geöffnet, und mit **2. Sg6†!** der Bf7 ohne Zeitverlust gedeckt. Ob nun Bh7 oder Dg5 zurücknimmt, immer kommt **3. Tc8†** nebst matt.

Weiß sah aber diesen eleganten Gewinn nicht, sondern zog 1. Tg3 und siegte damit schließlich auch. (Leider, hätten wir fast gesagt!)

58

U. (am Zuge)

Kunnemann
(Gespielt in Berlin 1934)

Dies Bild zeigt uns, daß sich Schwarz zwar ein Luftloch verschafft, dabei aber zugelassen hat, daß ein weißer Läufer seinem König das bißchen Luft sofort wieder wegnahm. Ein Läufer, der so in die Rochadestellung hineinsieht, ist äußerst lästig und muß nach Möglichkeit beseitigt werden. Die 8. Reihe ist ungeschützt, und lediglich das Bollwerk auf e5 verhindert die sofortige Katastrophe. Andererseits darf der Le5 aber nicht ziehen (wegen Te8‡), und darauf gründet sich der Plan von Weiß. Schwarz zog etwas leichtsinnig **1. .... Db2:,** worauf **2. Df6! Dc3:? 3. Dg7†! Lg7: 4. Te8† Lf8 5. Tf8:‡ folgte.** Die Kraft des Läufers auf h6!

Ungarische Schachfreunde haben jedoch eine überraschende Entdeckung gemacht: Schwarz mußte (statt 2. .... Dc3:?) 2. .... Dc1!! spielen. Dieser wunderschöne Zug fesselt den Te1, so daß 3. Dg7† nicht mehr geht. Schlägt Weiß mit Läufer oder Turm die Dame, so ist 3. .... Lf6: möglich. Und der Versuch 3. De5: wird mit 3. .... Dh6: abgewehrt, wonach Schwarz nicht mehr verlieren kann.

Auch dieses verblüffende Beispiel zeigt die ungeahnten Möglichkeiten des königlichen Spiels.

Miß Menchik

59

Lazard (am Zuge)
(Gespielt in Paris 1929)

Was wird Weiß hier ziehen? „Tf7:!“, werden Sie, lieber Leser, angesichts des auf der 8. Reihe winkenden Matts (Tf7:, Tf7:, Dh8† oder Tf7:, De5:, Tf8:†) vielleicht meinen. Und sind schon hereingefallen. Es ist ein bekannter Fehler vieler Schachspieler, daß sie wohl ihren eigenen Plänen mit Liebe und Konsequenz nachhängen, aber den Absichten des Gegners zu wenig Aufmerksamkeit schenken. Wenn der Gegner einen Zug wie Tf7: zuläßt, so ist damit nicht gesagt, daß er ihn nicht gesehen hat. Er kann sich auch etwas dabei gedacht haben! Und so ist es hier; auch der Führer der Weißen zog **1. Tf7:?.** Darauf aber hatte Schwarz gewartet: mit **1. .... Dh4:†! 2. Lh4: Th4:† 3. Dh2** (erzwungen) **Th2:† 4. Kh2:** kam Schwarz zum Abtausch der Damen und konnte nun gefahrlos den Tf7 schlagen. Ergebnis: eine Figur gewonnen! Es ist nicht alles Gold, was auf der 8. Reihe glänzt!

Mindeno

60

Dr. Aljechin (am Zuge)
(Simultanspiel Holland 1933)

Hier bemühen sich die weißen Türme, den schwarzen König auf h8 zu fassen. Wir erinnern uns dabei des Mattbildes, das wir im Anfang schon besprochen haben. Hier aber liegt die Sache doch komplizierter, denn der König hat das Fluchtfeld f7. Sofortiges Th8† leistet daher nichts. Unser ganzes Sinnen und Trachten muß darauf gerichtet sein, dem König dieses Fluchtfeld zu nehmen. Ja, wenn wir g5—g6 ziehen könnten! Dann wäre das Matt auf h8 nicht mehr zu verhindern. Aber die schwarze Dame nimmt den Bauern einfach weg. Trotzdem ist dies zu überlegen: nach 1. g6 Dg6: versuchen wir 2. Dc4†, um Schwarz zu veranlassen, sich selbst das Feld f7 zu verstellen. Der denkt aber nicht daran, sondern antwortet d6—d5!. Nach allen diesen Erwägungen wird uns Aljechins schöner Zug **1. Se5!!** verständlich: auf **de5:** (es drohte nun wirklich Th8‡. Falls De5:, so einfach 2. De5: de5: 3. g6!) kann **2. g6! Dg6: 3. Dc4†** geschehen, denn d5 ist nun nicht mehr möglich. Schwarz muß sich selbst den letzten Ausweg f7 verstellen und wird mit Th8 mattgesetzt.

Da staunt der Fachmann ...

Die Zwangsjacke! Wer erst einmal darin steckt, wird sich verzweifelt hin- und herwenden, aber das Matt auf h8 ist nicht abzuwehren, es sei denn, durch schwerwiegenden Materialverlust. Man spricht in solchen Fällen auch einfach von einer „Umgehung" der Stellung des Gegners.

Colle

61

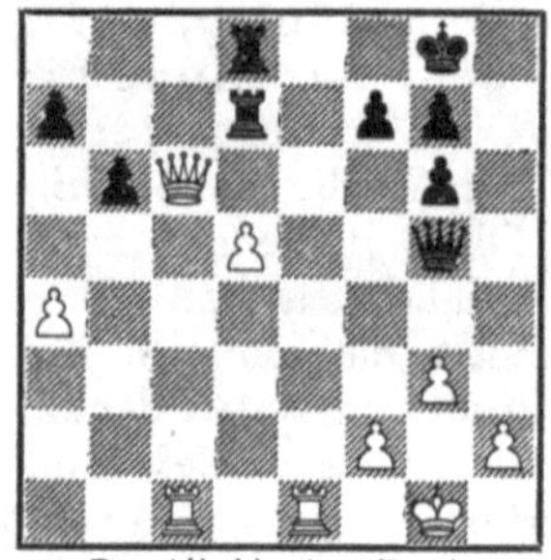

Dr. Aljechin (am Zuge)
(Meisterturnier Paris 1925)

Mit **1. Dd7: Td7: 2. Te8† Kh7 3. T1c8** streifte Weiß seinem überraschten Gegner die Zwangsjacke über. Will er sich von ihr befreien, muß er schon die Dame opfern und bleibt alsdann mit einem Turm weniger. —

Tragikomisch mutet das Geschehen an, das sich aus Diagramm 62 entwickelte.

Henneberger

62

Eliskases (am Zuge)
(Meisterturnier Liebwerda 1934)

Die Lage von Weiß ist höchst ungemütlich. Kann er sich noch retten oder einen aussichtsreichen Gegenangriff unternehmen? Nach 1. Tg6:† hg6: 2. Kh3 (g4 Dh4‡) Dg5! 3. Ld5† Kf8 ist er um nichts gebessert. Aber

1. Ld5† scheint das Richtige zu sein; auf Kg7 kommen wir zu 2. De5:† usw., und auf Kf8 haben wir den überraschenden Zug 2. Tf4†! (ef4:, Dh8‡). So spielte Weiß also beruhigt **1. Ld5†**, traute aber seinen Augen nicht, als sein Gegner **1. . . . . Df7!!** erwiderte. Solch ein Zug kann den stärksten Mann zum Weichen bringen. Statt nun kaltblütig auf Rettung zu sinnen, schlug Weiß überhastet die Dame **2. Lf7:†?** und gab nach **2. . . . . Kf8!** auf, denn das Matt auf h1 ist nicht mehr zu decken. Statt dessen hätte 2. Tg6:†! Kf8! (hg6:, Lf7:† nebst g4) 3. g4! Dg6: 4. De5:! noch erbitterten Widerstand geleistet. Zwar hat Weiß zwei Qualitäten weniger, aber starken Angriff gegen den ungeschützten schwarzen König, während seinem König im Augenblick nicht viel passieren kann.

Pilnik (am Zuge)

63

Wade
(Interzonenturnier Stockholm 1952)

Wie soll Schwarz hier das auf e8 drohende Matt decken? Spielt er 1. . . . . f6, so gewinnt Weiß mit 2. Tb8! die Dame, die sich wegen des auf b7 bzw. g7 drohenden Matts opfern muß (wieder das Zweireihenmatt der Türme!). Aber mit **1. . . . . Db7†** glaubte Schwarz den Mattgefahren begegnen zu können (2. Kf2 oder Kg1? Db6† nebst Dd8:; 2. Kg3? Dc6! usw.). Es folgte aber eine böse Überraschung: **2. Sd5†!** Eine sogenannte Tempogewinn-Kombination. Durch das Schachgebot findet Schwarz keine Zeit, die mit der Dame geplanten Verteidigungszüge auszuführen. Daß der Springer verlorengeht, was schadet es? Auf 2. . . . . ed5: folgt ja 3. Tge8 matt! — Schwarz gab das Spiel auf, denn auch das Endspiel nach **2. . . . . Dd5:† 3. Td5: ed5:** ist aussichtslos, wenngleich Weiß aufmerksam spielen muß (er hat aber noch Zeit, sich mit **4. Th8** den h-Bauern zu holen).

Szymanski (am Zuge)

64

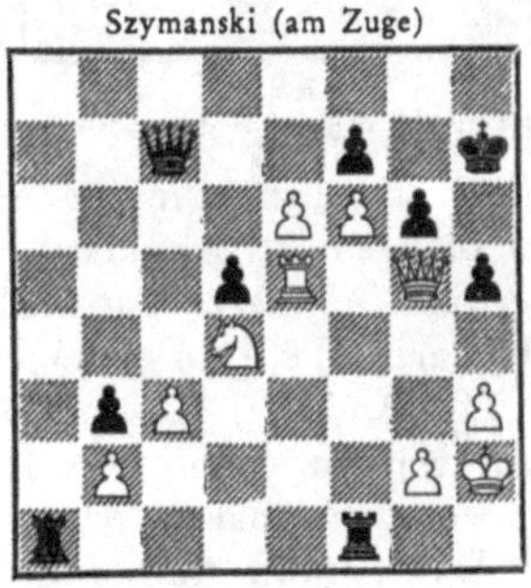

Luczynowicz
(Gespielt in Polen 1953)

Sofortiges Schachbieten würde, wie schon oft gesehen, zu nichts führen, da nach 1. . . . . Th1†? 2. Kg3 der weiße König in verhältnismäßiger Sicherheit wäre.

Ja, wenn man h5—h4 spielen könnte! Diese Überlegung führt auf die richtige Idee: **1. . . . . De5:†! 2. De5: h4!** (droht Th1‡) **3. g4 Tf2‡.** Hier kommt also noch ein seitliches Mattbild hinzu — eine neue Nuance.

Die „exzentrische“ Dame

„Da werden Weiber zu Hyänen . . .“

Weiß kann hier mit f6—f7 ein hübsches Matt geben. Um eine solche Stellung zu erreichen, lohnen schon besondere Anstrengungen.

S. F. Kostrovicki (am Zuge)

65

K. V.
(Aus einer in Riga 1899 gespielten Partie)

Schwarz möchte gern zu f3—f2‡ kommen. Dem stehen aber einige Hindernisse im Wege. Das Problem besteht darin, Te1† zu ermöglichen (Lf1, Tf1:†!, Tf1:, f2±), also die Dc3 zu verjagen. Somit liegt **1. . . . . Df6:!** verhältnismäßig nahe; die weiße Dame muß flüchten, dabei aber sowohl a1 als auch e1 im Auge behalten: **2. Dc1.** Die schwarze Gegenspielerin wird aber nun wild und verfolgt fanatisch ihr Ziel: **2. . . . . Db2!!.** Weder Turm noch Dame dürfen den kecken Eindringling schlagen. Also hilft nur weitere Flucht: **3. Df1.** Noch immer aber gibt Schwarz keine Ruhe: **3. . . . . Df2:! 4. Df2: Te1†! 5. De1: f2†** nebst Matt. Mit eiserner Konsequenz hat Schwarz das, was er wollte, durchgesetzt.

Torre

66

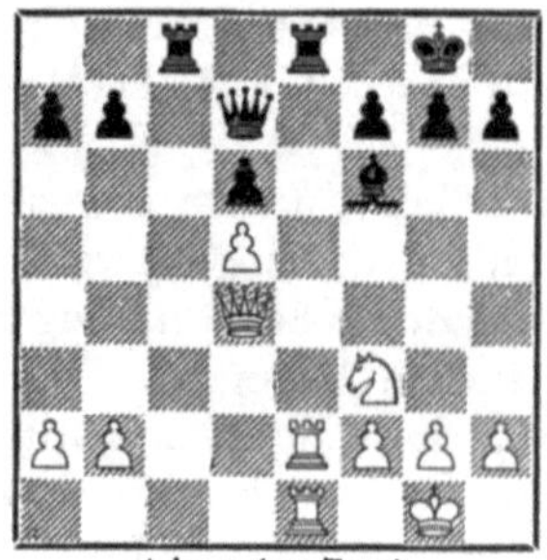

Adams (am Zuge)
(Gespielt in New Orleans 1920)

In dieser sehr bekannten Stellung kommt wieder das Motiv der 8. Reihe zum Ausdruck. Punkt e8 ist doppelt angegriffen, aber ebenso oft verteidigt. Gelingt es dem Angreifer, eine der Deckungsfiguren wegzulenken, so führt Te8:† zum Matt. Auf dieser an sich einfachen Überlegung beruhen die nun folgenden „exzentrischen“ Züge der weißen Dame. **1. Dg4! Db5.** Falls Dd8, so Dc8:! usw. Jetzt aber wäre 2. Dc8: ein Fehler; nach Tc8: bliebe Feld e8 genügend geschützt. **2. Dc4!!.** Die Dame steht doppelt ein, aber Schwarz sind mit der Deckung von e8 so die Hände gebunden, daß er nichts machen kann. **2. . . . . Dd7 3. Dc7!!.** Eine unverschämte Amazone! **3. . . . . Db5 4. a4! Da4:.** Die schwarze Stellung ist von einer rührenden Hilflosigkeit. **5. Te4! Db5 6. Db7:!.** „Warum erst das Zwischenspiel 4. a4 und 5. Te4?. Weshalb nicht sofort Db7:?“, wird ein skeptischer Leser vielleicht fragen. Nun, auf sofort 4. Db7: ist De2:! möglich (5. Te2: Tc1† usw.). Aber warum kann nicht auf 4. a4 4. . . . . De2: geschehen? Nun, dann spielt Weiß einfach 5. Te2:!; Tc1† ist ja jetzt nicht möglich.

Nach 6. Db7: ist die Partie rettungslos für Schwarz verloren. Eine Glanzleistung der weißen Dame!

Schlage

67

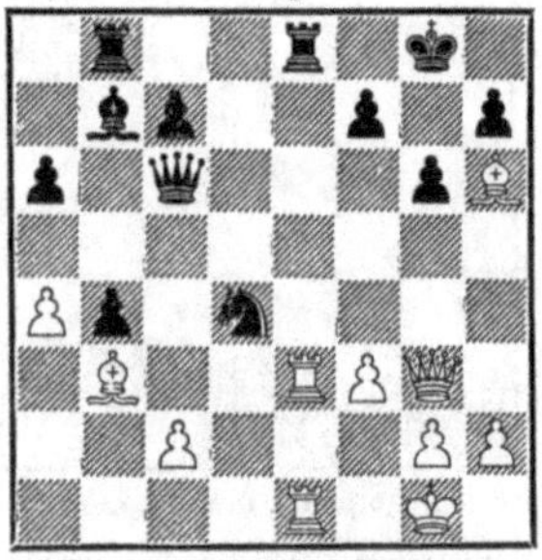

Wegemund (am Zuge)
(Turnier zu Oeynhausen 1922)

Weiß zog Df4 und erreichte auch damit später Gewinnstellung, verlor aber durch einen Fehler noch die Partie. Hätte er dagegen die vorhergehende Stellung gekannt, wäre ihm sicherlich der sofort entscheidende Zug **1. Dc7:!** nicht entgangen. Die Deckung von e8 wird angegriffen; aber darum brauchte sich Schwarz nicht zu kümmern: nach Dc6: Lc6: würde der Läufer die Aufgabe der Dame in gleicher Weise erfüllen. Viel unangenehmer ist schon die Bedrohung von f7, allein damit wird der Sd4 fertig (**1. .... Sb3:**). „Ja, was wollen Sie denn eigentlich? Dann gewinnt ja Dc7: auch nicht!". Nur Geduld! Weiß hat nämlich noch einen anderen Pfeil im Köcher, und zwar **2. Db7:!** (vergleiche hierzu den Zug Dc7 in Nr. 66!). Mit allen Drohungen zugleich kann Schwarz nicht fertig werden.

Kamischow

68

Rowner (am Zuge)
(Gespielt in Moskau 1947)

Nach dem vorher Gesagten sind hier die „exzentrischen" Züge der weißen Dame leicht verständlich: **1. Da7! Da5 2. Da6:! Dc7 3. Da7!** Schwarz gab auf.

Der kritische Punkt h7

Was hat sich nicht schon alles auf dem Felde h7 (bzw. h2) abgespielt! Läufer, Springer, Dame, Turm wurden geopfert, um das Matt zu erreichen. Vorausgesetzt natürlich, daß Schwarz (bzw. Weiß) kurz rochiert hatte.

Das Läuferopfer auf h7

Mit einem Läuferopfer auf h7 mattgesetzt zu werden, gegen dies Schicksal ist wohl kein Schachspieler gefeit! Kombinationen, die mit einem Läuferopfer auf h7 beginnen, werden kaum noch beachtet. Sie gehören zum täglichen Brot des Schachspielers. Trotzdem: kennen muß man die Kombination, und vielleicht tragen nachfolgende Ausführungen dazu bei, daß es später einmal Schachspieler gibt, die mit

Stolz von sich sagen können: „Bei mir ist noch niemand dazu gekommen, auf h7 zu opfern!" —

Bauschke

69 

Deutschmann (am Zuge)
(Berliner Verbandsmeisterschaft 1929)

Gewöhnlich gehört zu einem erfolgreichen L-Opfer auf h7 noch ein weißer Be5. Hier aber beobachtet statt dessen der Te1 auf der offenen Linie den Be6. Also: **1. Lh7:† Kh7: 2. Sg5† Kg6.** Nach Kg8 kommt 3. Dh5 und die Mattdrohung auf h7 kann nur durch Wegzug des Tf8 pariert werden (3. . . . . Tfd8, aber auch dann bleibt der weiße Angriff stark: 4. Dh7† Kf8 5. Dh8† Ke7 6. Dg7:). Bei vielen Kombinationen auf h7 ist selbst dies nicht möglich; da steht gewöhnlich auf e7 die schwarze Dame, so daß es nach Wegzug des Tf8 zum Matt auf h8 kommt.

Weiß setzte mit **3. Dg4** fort, ebenfalls ein für die ganze Spielweise typischer Zug. Wir sagten vorhin, daß für gewöhnlich ein weißer Be5 die Kombination unterstützt. Dies ist deshalb wünschenswert, um dem Zuge f7—f5 von Schwarz die Kraft zu nehmen. In vorliegender Stellung ist dies freilich nicht nötig; hier scheitert f5 schon an der Schwäche e6.

Schwarz versuchte mit dem König zu flüchten: **3. . . . . Kf6,** lief aber damit gerade in das Matt hinein: **4. Te6:†! fe6: 5. De6:‡.**

Dr. Rödl

70 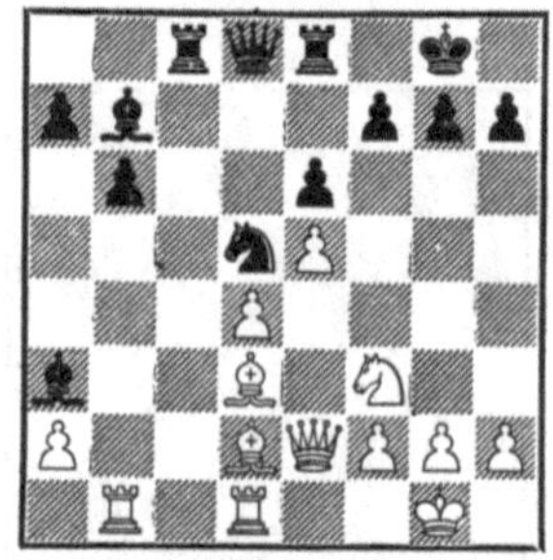

Bogoljubow (am Zuge)

(Meisterschaft von Deutschland, Pyrmont 1933)

Weiß opferte auf h7, um mit Dd3† den La3 zurückzubekommen und im Endergebnis einen Bauern zu gewinnen. Statt dessen hätte er, worauf Meister Sämisch hinwies, mit **1. Lh7:† Kh7: 2. Sg5†!** (nicht Dd3†) direkten Königsangriff einleiten können. Nach **2. . . . . Kg8 3. Dh5 Dc7! 4. Tb3!** sollte der Angriff durchdringen. Hier sehen wir ein neues Moment: den über die dritte Reihe in den Kampf eingreifenden Turm, der je nach Bedarf auf der f-, g- oder h-Linie Verwendung finden kann.

Dr. Antze

71 

Ahues (am Zuge)
(Vierkampf zu Bremen 1932)

Die Heranholung des Turmes über die 3. Reihe veranschaulicht dieses Beispiel ganz deutlich. **1. Lh7:†! Kh7:.** Auf Sh7: kommt De6:† nebst Sg6‡. **2. Dh5† Kg8 3. Df7† Kh8 4. Te3 fe5:.** Ein anderer Zug ist nicht zu sehen. **5. Th3† Sh7 6. Dg6 Kg8.** Nur schleunigste Flucht kann vielleicht noch helfen. **7. Dh7:† Kf7 8. Tf3† Lf6 9. Lg5 De7.** Verzweiflung; es gibt keine Rettung mehr. **10. Lf6: Df6: 11. Dh5† Ke7 12. Tf6:** und Weiß gewann leicht.

R.

72

K. Richter (am Zuge)
(Gespielt in Berlin 1935)

Dem Sf3 ist das Feld g5 genommen. Also geht das Läuferopfer auf h7 nicht!? Doch! *Hier lernen wir eine weitere Feinheit der Kombination kennen, nämlich die Ablösung des Springers durch den Turm.* Dazu gehört der Zug h2—h4.

Es kam **1. Lh7:† Kh7: 2. Sg5†! fg5:?.** Der eine Feind wird erschlagen, aber ein anderer, nicht minder gefährlicher, ersteht. Mehr Aussichten auf Verteidigung bot 2. . . . . Kg8 3. Dh5 und nun erst fg5: 4. hg5: Tf5!, was den Zug g5—g6 erschwert. **3. hg5:† Kg8 4. Th8†!.** Nur keine Zeit verlieren! Man muß das Eisen schmieden, solange es heiß ist. Nach Dh5 Tf5 kann Schwarz sich noch verteidigen. **4. . . . . Kh8: 5. Dh5† Kg8 6. g6.** Schwarz ist jetzt gegen das Matt auf h7 (bzw., wenn Tf8 zieht, auf h8) wehrlos.

Man beachte hierbei besonders die einengende Wirkung des Bg6, auf die wir später noch zurückkommen werden. —

Nicht immer aber sind L.-Opfer auf h7 korrekt. Es war vorhin davon die Rede, daß ein fehlender weißer Be5 die Kombination gefährden könne. Man sehe:

Horn

73

Fincke (am Zuge)
(Gespielt in Berlin 1931)

Eine ähnliche Lage wie bei Diagramm 69. Nur ist hier Be6 durch Ld7 geschützt, und dieser kleine Unterschied bringt das Opfer auf h7 zum Scheitern. **1. Lh7:†.** Er kann nicht widerstehen! **1. . . . . Kh7: 2. Sg5† Kg6!.** Nicht Kg8 Dh5 mit bekannten Wendungen. **3. h4.** Da haben wir's! Der „natürliche" Zug Dg4 bringt nichts ein, weil die weiße Dame nach f5 (der fehlende weiße Be5!) sich nicht auf der g-Linie behaupten kann. Es folgte weiter: **3. . . . . Th8 4. Df3 Taf8 5. h5† Th5: 6. Sf7:.** Ein letzter Versuch, **6. . . . . Tf5!,** den Schwarz aber zurückweist.

Nach Tf7: Dg4† bekommt Weiß unnötig neue Chancen. **7. Se5† Se5: 8. Dg3† Kf7 9. de5: Le5: 10. Dg4 Kg8 11. Lh6 Tf2:** und Weiß gab auf. Dies nur nebenbei, sozusagen als Warnung vor allzu opferfreudigem Spiel. —

Nun noch ein paar Worte über die beste Art, sich gegen das Läuferopfer zu schützen. Am einfachsten ist der Zug h7—h6!, der den Bauern dem Zugriff des Läufers entzieht, gleichzeitig aber dem Springer das Feld g5 nimmt. Wenn aber der Punkt h7 schon unbedingt gedeckt werden muß, so geschieht das am besten auf folgende Weise:

„Näher liegt doch eigentlich die Deckung von f6 aus!?" Schon recht, aber auf f8 ist der deckende Springer viel schwerer vom Feinde anzugreifen als auf f6. Und was für Sorgen entstehen, wenn die Deckungsfigur eines wichtigen Punktes vom Gegner unter Feuer genommen wird, das haben wir schon oft gesehen. Ein kleiner Nachteil der Springerstellung auf f8 ist die Schwäche des Bf7.

Damenopfer auf h7

Der Möglichkeiten, die Dame auf h7 zu opfern, gibt es nicht wenig. Wir haben hier eine kleine Blütenlese zusammengestellt.

Weiß droht Dh7:† Kh7: Th4‡ — die wohl häufigste Form des Damenopfers auf h7 (siehe auch die einleitenden Mattbilder). Deshalb darf Schwarz nicht 1. . . . . Dc2: spielen. Er versuchte noch **1. . . . . g5,** um den Turmzug nach h4 zu hindern,

Vasconcellos (am Zuge)

74

Reinhardt
(Gespielt in Mar del Plata 1951)

und es ist gewiß merkwürdig, daß auch darauf **2. Dh7:†! Kh7: 3. Th4‡** zum Matt führt (Doppelschach!).

Allerdings ist die Stellung nach 1. . . . . g5 nebenlösig; nicht mit 2. Th4? (Dc2:!), wohl aber mit 2. Te8! (und doppelter Mattdrohung auf g7 und h7).

Im übrigen kann sich Schwarz trösten: es gab keine Rettung mehr.

H. Kühne

75

Müller (am Zuge)
(Gespielt in Ziesar 1912)

Auch hier ist die Sache verhältnismäßig einfach: die Türme g8 und g6 behindern den schwarzen König so, daß **1. Dh7:† Kh7: 2. Th3† Th6 3. Th6:‡** möglich ist. Nicht ganz so klar liegen die Dinge in der folgenden Stellung.

76

Szyfter

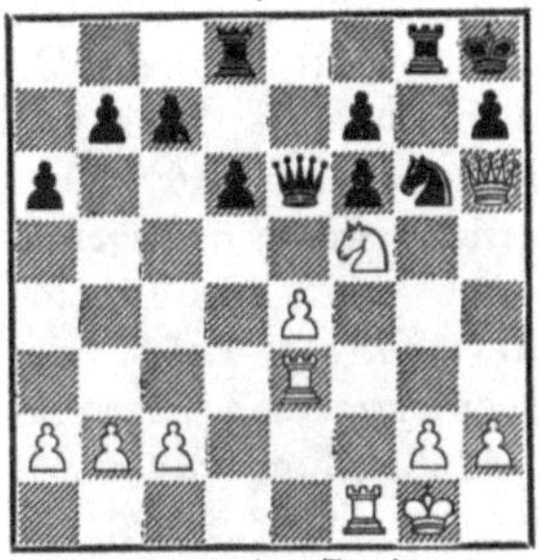

Mross (am Zuge)
(Gespielt in Berlin 1935)

Immerhin haben wir auch hier wieder den Tg8, der dem eigenen König den Fluchtweg versperrt, und den drohend stehenden Sf5. Hinzu kommt das starre Bauerngerippe f6—f7. Wäre auf g6 ein Bauer, so könnte 1. Dh7:† bereits mattsetzen (Kh7: 2. Th3‡). Aber so opfert Schwarz seinen Springer und gewinnt für den König den Ausweg g6. Sollte das aber nicht weitergehen? Und in der Tat! Auf beiden Seiten von den feindlichen Türmen flankiert, muß der schwarze König den bitteren Gang nach Canossa antreten und sich auf g3 dem Feinde ergeben. Also: **1. Dh7:†! Kh7: 2. Th3† Sh4 3. Th4:† Kg6**

77

Seeger

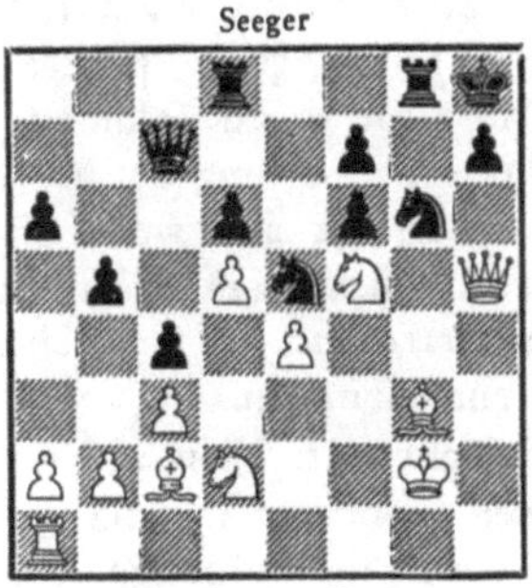

Schettler (am Zuge)
(Gespielt in Perleberg 1926)

4. Th6† Kg5 5. h4† Kg4 6. Se3† Kg3 7. Tf3‡.

(77) Wieder fallen uns die Konturen der vorangegangenen Stellungen auf: der Tg8, die Bf6 und f7, der stolz thronende Sf5. Klar, daß wir wieder auf h7 opfern, nicht wahr? So klar ist die Sache nun aber auch wieder nicht. Nach **1. Dh7:† Kh7: 2. Th1† Sh4† 3. Th4:† Kg6 4. Th6† Kg5** scheint es nicht weiter zu gehen. Daß es doch weiter geht, muß man natürlich vorher im Kopf ausrechnen und sich nicht etwa darauf verlassen: Caïssa wird schon helfen. Also: **5. Sf3†! Sf3: 6. Kf3:**, und Schwarz ist gegen Lf4‡ oder Lh4‡ wehrlos. Der weiße König ist sogar aktiv am Mattbild beteiligt, und das ist selten.

. . . Statt aber so hübsch mattzusetzen, zog Weiß (offenbar in einem Anfall von Schachblindheit) 1. Th1? und streckte nach 1. . . . . Sf4† die Waffen. Seine Dame ist verloren. Oh Caïssa . . .!

78

Zukertort

Anderssen (am Zuge)
(Meisterturnier Barmen 1869)

Hier ist es Weiß gelungen, einen Bauern bis nach g7 zu treiben. Die starke Besetzung der g-Linie, der Nachschubbauer f5 und der Angriffsläufer d3 gestatten eine hübsche

Schlußkombination: **1. Dh7:†! Kh7: 2. f6†!.** Stärker als Th3†, worauf Schwarz noch Dh6 antworten könnte. **2. .... Kg8** (Dd3:, Th3†) **3. Lh7†!.** Weiß läßt dem Gegner keine Zeit zu Verteidigungszügen. **3. .... Kh7: 4. Th3† Kg8 5. Th8‡.** Zwei verbundene und so weit vorgerückte Freibauern sind im Mittelspiel immerhin selten, bilden aber eine gefährliche Waffe.

79

Salter

Michael Marco (am Zuge)
(Gespielt in Czernowitz 1929)

Mit **1. Lb5!** wird die Dame vom Punkt e7 abgelenkt; nach **1. .... Db5:** sehen wir eine uns schon bekannte Wendung: **2. Se7† Kh8 3. Dh7:† Kh7: 4. Th1‡.**

80

Sch.

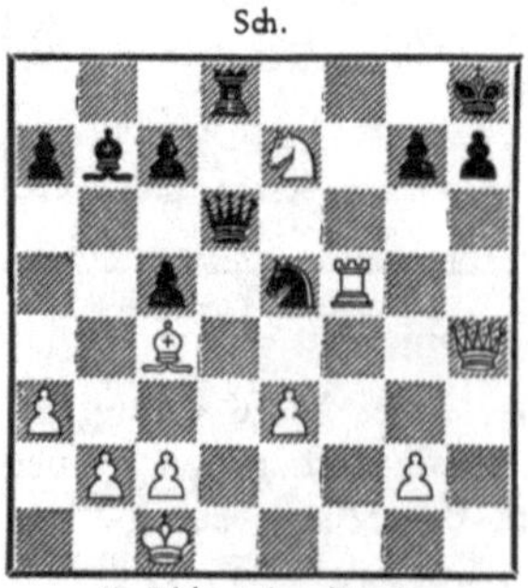

K. Richter (am Zuge)
(Gespielt in Berlin 1934)

1. Dh7:† Kh7: 2. Th5† führt hier nicht zum Matt, weil die Dd6 dazwischenzieht. Wie kann man dies verhindern? Mit **1. Sg6†!.** Die Dame darf nicht schlagen wegen Dd8:†, und auf **1. .... Sg6:** geht nun **2. Dh7:† Kh7: 3. Th5‡.** Die Rolle des geopferten Se7 übernimmt in der Schlußstellung der weiße Lc4 und — der schwarze Sg6!

81

Wagner

Grünfeld (am Zuge)
(Länderkämpfe London 1929)

Hier und in der folgenden Stellung bekommt das Damenopfer einen neuen Sinn: dem weißen Springer das Feld g6 freizumachen, den Turm mit Tempogewinn auf die h-Linie zu befördern und so auf h8 ein undeckbares Matt zu drohen. Nach **1. Dh7:† Kh7: 2. Th3† Kg8 3. Sg6!** ist gegen 4. Th8‡ nichts zu erfinden. Man beachte die Fesselung des Bf7 durch Lc4! Schon oft sind weiße Figuren unter dem Schutz ihres Läufers auf g6 überraschend in das feindliche Spiel eingedrungen.

Übrigens hat Weiß nicht so gewonnen, sondern 1. Th3 gezogen und damit die sofortige Entscheidung versäumt.

82

K.

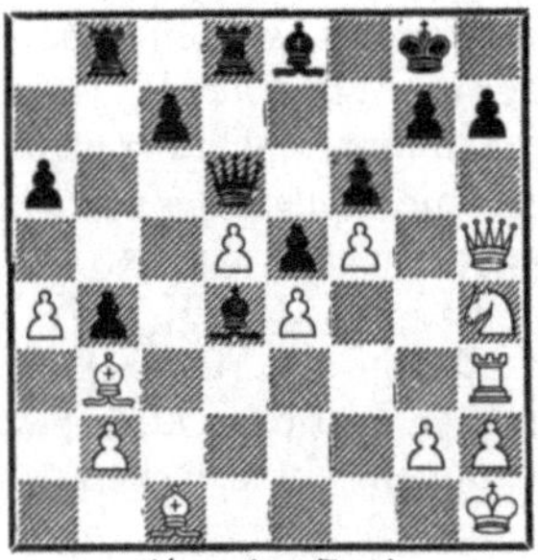

Ahues (am Zuge)
(Gespielt in Berlin 1932)

Die Angelegenheit ist in vorstehendem Bild wesentlich verzwickter, denn der schwarze König hat das Fluchtfeld f7. Es gibt aber Kombinationen, bei denen ihn der weiße Turm dann einfach auf f8 mattsetzt.

„Ja, aber das Matt auf f8 ist hier doch nicht möglich, die Dd6 deckt es genügend!" Da heißt es eben, noch weiter rechnen. Doch ist dies kein Grund zum Erschrecken: Kombinationen, die ständig unter donnernden Schachs vor sich gehen, sind viel leichter zu überblicken als solche mit stillen Zügen. Das ist ja auch klar: Schachgebote lassen dem Gegner nicht viel oder auch gar keine Wahl! **1. Dh7:†! Kh7: 2. Sg6† Kg8 3. Th8† Kf7 4. Tf8†! Df8: 5. d6‡.** Ein hübsches Matt; das D- und T-Opfer machte den Lb3 plötzlich lebendig. Nicht vergesse man den Bf5, der erst den wichtigen Stützpunkt für den Springer auf g6 schuf!

Auch in Nr. 83 kommt ein Abzugangriff des Springers, aber die Mattführung ist doch ganz anders. Übrigens begrüßen wir einen alten Bekannten: den Tg8, der uns in unserem Bestreben, seinen Herrn und

83

Schleebaum

von Braunbehrens (am Zuge)
(Gespielt in Stralsund 1934)

Gebieter zu erjagen, tatkräftig unterstützt! **1. Dh7:† Kh7: 2. Sf5† Kg6 3. Se7† Kg7 4. Lh6†! Kh7 5. Lf8‡.** Das Mattbild dürfte uns nicht ganz unbekannt sein.

84

Cranston

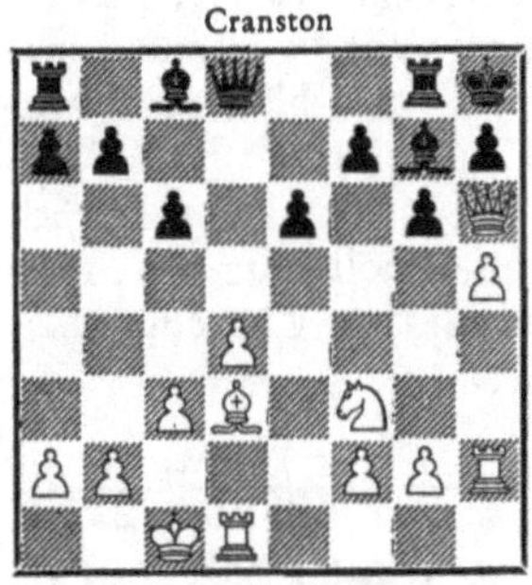

Dake (am Zuge)
(Länderkämpfe Warschau 1935)

Schwarz hatte sich gegen die Eröffnungsgrundsätze schwer vergangen und sich einen mächtigen Angriff des Gegners zugezogen. Läufer und Turm verbauen außerdem den schwarzen König so, daß ein sofortiges hübsches Matt „drin" ist: **1. Dh7:†! Kh7: 2. hg6:‡.** Doppelschach und Matt! So läßt man sich nicht gern mattsetzen! —

Ein groteskes Bild! Die ganze weiße Streitmacht ist am Damenflügel versammelt, der

Schories und L. Herrmann (am Zuge)

85

Verbündete
(Gespielt in Berlin 1934)

weiße König steht ohnmächtig dem Anprall eines Hauptteils der feindlichen Armee gegenüber. So etwa mag einem Fußballtorwart zumute sein, der vier feindliche Stürmer auf sich zukommen sieht, während kein Verteidiger in der Nähe ist. Der Torschuß muß sitzen!

Ist es ein Wunder, wenn Schwarz hier effektvoll mit **1. . . . . Dh2:†! 2. Kh2: Sf3† 3. Kh3 oder Kh1 Sf2‡** mattsetzt?

Sir Thomas

86

Ed. Lasker (am Zuge)
(Freie Partie, London 1913)

Nicht ganz so trostlos ist die Lage in diesem Bild. Nach **1. Dh7:† Kh7: 2. Sf6:† Kh6** ist das Matt auf f7, das wir eben mit umgekehrten Farben auf f2 sahen, hier nicht möglich. Der König muß also anders zur Strecke gebracht werden. Aber wie? Darüber muß man sich klar sein, ehe man auf h7 opfert. Und es geht! Der arme König muß eine weite Reise antreten: **3. Seg4† Kg5 4. h4† Kf4 5. g3† Kf3 6. Le2† Kg2 7. Th2† Kg1 8. 0—0—0‡.** (Oder 8. Kd2‡. Was in der Partie wirklich geschah, ist nicht mehr festzustellen — und auch einerlei.)

Schlußworte

Wir haben nun schon allerlei um den Punkt h7 herum erlebt und werden später noch hin und wieder an „den kranken Punkt h7" erinnert werden.

Hier noch zwei kleine Hinweise:

Dame und Läufer erstürmen oft den Punkt h7. Wer soll nun zuerst von ihm Besitz ergreifen? Nach Dh7:† Kf8 besteht immerhin die Möglichkeit, daß der feindliche König noch im letzten Augenblick entkommt.

Ist Bf7 nicht geschützt, kann Weiß aber den Gegner wie folgt in 4 Zügen mattsetzen: **1. Lh7:†! Kh8 2. Lg6† Kg8 3. Dh7† Kf8 4. Df7:‡.** Nie nachlassen in der Verfolgung des Gegners!

Wir geben zu dem D/L-Matt auf h7 ein einfaches Beispiel (87).

Schwarz glaubte mit **1. . . . . De2** (und Bedrohung des weißen Turmes) Zeit zu dem guten Verteidigungszug Df2 zu gewinnen; aber Weiß kann bereits das Matt forcieren: **2. fg6:! Dd1: 3. gh7:† Kh7: 4. Lc4† Kg8 5. Dg5†.** Schwarz gab

87

V. Toth

Engels (am Zuge)
(Internat. Turnier Sao Paulo 1952)

auf (Kh8 6. Dh6† Kg8 7. Dh7‡). Hübsch und lehrreich!

Der Einfall der feindlichen Dame nach h7 ist nicht so schlimm, wenn ein schwarzer Läufer auf g7 steht.

Hier wird in den meisten Fällen der weiße Angriff nach 1. Dh7:† Kf8 nicht recht weitergehen. Der Lg7 schützt gut!

Der König auf der Wanderschaft

Schon bei früherer Gelegenheit, und ganz besonders beim Damenopfer auf h7, hatten wir gesehen, wie leicht der feindliche König dem Kreuzfeuer der Figuren erliegt, wenn er, aus sicherem Versteck hervorgeholt, sich auf die Wanderschaft begeben muß. Hierzu bringen wir noch einige markante Beispiele.

Schories (am Zuge)

88

J. Foulds
(Gespielt im Bradforter Schachklub 1914)

Schwarz hat die Qualität mehr, der weiße Angriff ist nichts wert — was soll da also noch sein? Nun — die Art, in der Schwarz das Matt erzwingt, ist doch recht lustig. **1. . . . . De1† 2. Ld1.** Besser war zwar Kb2, doch nach Tb8 hat Weiß ebenfalls keine Aussichten mehr. **2. . . . . Dd2:†!** Heraus mit dem König aus seinem Versteck! **3. Kd2: Lg5† 4. Kd3.** Und was nun? Nach 4. . . . . c4† 5. Kd4 ist an Matt nicht zu denken. Also muß versucht werden, dem König zunächst das Feld d4 zu nehmen. Mit zwei Turmschachs geht das sehr schön: **4. . . . . Te3† 5. Kd2 Te4† 6. Kd3 c4‡.** Die eigenen Figuren (Ld1, Bc2, c3) halten hier ihren König eisern umklammert.

Blümich

89

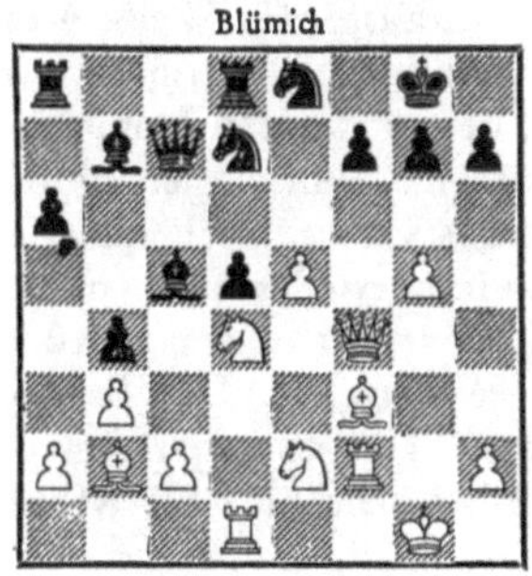

Dr. Rödl (am Zuge)
(Mannschaftskämpfe, Wiesbaden 1934)

Eine T-L-Batterie (Tf2, Lf3) steht zum Schuß bereit. Wie kann sie zum Feuern gebracht werden? Indem man den feindlichen König in ihre Schußrichtung zwingt, ihn also aus seinem gedeckten Unterstande hervorholt. **1. Df7:†! Kf7:.** Weigert sich der König mit Kh8, den Marsch ins Ungewisse anzutreten, so hat Schwarz nach Lg4! (droht Ld7:, auch Le6) auch keine Verteidigung. **2. Ld5:† Kg6** (Ke7, Tf7‡) **3. Lf7† Kg5:.** Alles erzwungen. **4. Lc1† Kg4 5. Tf4† Kg5 6. Te4‡.** Die Batterie hat gut gezielt und bei der Verfolgung des Feindes Hervorragendes geleistet.

Feld

90

Dr. Aljechin (am Zuge)
(Blindvorstellung Tarnopol 1916)

Und hier winkt ebenfalls das Feld f7 als Einfallstor für Weiß. Was aber hat Weiß davon, wenn es ihm gelingt, den schwarzen König nach f7 zu locken? Nun — er muß über Phantasie verfügen, er muß sich das Mattbild vorstellen können, das entsteht, wenn der schwarze König bis nach e6 wandert. Die Politik der Lockung muß also fortgesetzt werden. Man sehe: **1. Sf7! Kf7:.** Falls Lf3:, so De6:!, und nun droht Sh6† usw. mit ersticktem Matt, das wir ja nun alle kennen. **2. De6:†! Kg6.** Auf Ke6: kommt das hübsche Matt Sg5‡. Das hatte Weiß im Auge, als er Sf7 zog. — Geht der König aber nach f8, so bringt Sg5 die Entscheidung. **3. g4 Le4 4. Sh4‡.** Solche Mattwendungen über f7 und e6 sind nicht einmal selten.

N. N. (am Zuge)

91

F. Ekström
(Gespielt in Schweden 1929)

Schwarz zog **1. . . . . Db3:.** „Hm“, werden Sie, lieber Leser, vielleicht sagen, „nach allem, was ich bisher sah, müßte ich jetzt auf g7 die Dame opfern. Aber nach 2. . . . . Kg7: 3. Tg5† zieht sich der König wieder in sein Haus zurück und ich bin genau so klug wie zuvor.“ Also unser eigener Bh7 schützt den schwarzen König! Und so lernen wir einen kleinen Kunstgriff kennen: nachdem der König hervorgelockt ist, wird durch Opfer des Bh7 die Wirkung des Th1 verlängert, dem Feinde also die Rückkehr nach h8 unmöglich gemacht. „Ja, aber dann flüchtet er eben nach der anderen Seite!“ Dort kommt er nicht weit, sein eigener Le7 steht ihm im Wege. Man prüfe: **2. Dg7:† Kg7: 3. h8D† Th8: 4. Tg5† Kf8 5. Th8:† Sg8 6. Tg8:‡.**

Wir sprachen bei Diagramm 89 von einer T-L-Batterie; in Nr. 92 steht L-S (b7—c6) zum Abschuß bereit. Der feindliche König befindet sich

Rjumin (am Zuge)

92 

Popoff
(Gespielt in Moskau 1929)

bereits in Schußrichtung, nur noch schwach geschützt durch einen kleinen Trupp Kavallerie (f3). Mit einem kühnen Handstreich überrennt Schwarz die weiße Verteidigung: **1. . . . . Tf3:! 2. Lf3: Df3:†! 3. Kf3: Sd4:†.** Ein Volltreffer! **4. Kg4 Lc8† 5. Kh4 Sf3‡.** Wieder hat, wie in 89, die Batterie durch entschlossenes Nachsetzen den Feind vollends vernichtet.

Ein bekanntes Mattbild, das auch oft in Studien Verwendung findet. Oft wird der schwarze König erst durch ein Opfer auf das Mattfeld gelockt. Auch in der praktischen

Jakobs

93 

Bluhm (am Zuge)
(Wettkampf Wittenberge-Seehausen, 1927)

Partie kommen solche Mattwendungen gelegentlich vor.

In der Bildstellung 93 geschah **1. Sg6:! Kg6:.** Das Gegenopfer Sd4: wird mit Dh5:! beantwortet. **2. Dh5:†! Kg7.** Nach Kh5:, Sf4‡ ergibt sich unser Mattbild! **3. g6 Dg8.** Es gibt keine Rettung mehr. **4. Tf5:!** Die das Feld h6 schützende Figur wird beseitigt. Schwarz gab auf.

Es folgen nun ein paar Stellungen, in denen der König schon hat wandern müssen und in denen es sich darum handelt, die Schlinge vollends zuzuziehen.

Kmoch

94 

Weenink (am Zuge)
(Länderkämpfe London 1927)

Daß dem Kg6 hier nicht mehr zu helfen ist, dürfte wohl klar sein. Aber, lieber Schachfreund, bemühen wir uns, in solchen Stellungen immer den schnellsten Weg zum Siege zu entdecken. Vor allen Dingen kein planloses Schachgeben! Womöglich findet der König doch noch ein sicheres Plätzchen. So zog Weiß hier nicht 1. Lh5†, weil nach Kf5 eine sofortige Verfolgung des Königs nicht möglich ist. Freilich wäre die Lage von Schwarz auch dann auf die Dauer unhaltbar. Vielmehr opferte er den f-Bauern, der doch den Gegner nur schützte (vgl. dazu den Bh7 in Nr. 91!):**1. f5†! Tf5:.** Die Stellung birgt eine Fülle von Mattbildern; zunächst: Kh7, g6‡. — Kf7, Lh5‡. — Kf5:, Tdf1†, Kg5:, Dg1‡, bzw. Kf5:, Tdf1†, Kg6, Lh5† usw. **2. Lh5† Kg5:** (Kh7, g6‡) **3. Tdg1† Kf4 4. Se2‡.** Mit dem Bauernopfer vernichtete Weiß die letzte Hoffnung des Gegners, auf f5 vorübergehend Ruhe zu finden.

Parnell

95

Mackenzie (am Zuge)
(Aus einer 1890 gespielten Partie)

Der König ist im Mittelspiel eine schlechte Schutzfigur; sein Leben ist auch zu kostbar, als daß man ihm solche Aufgaben zumuten sollte. Weiß kann mit 1. h5† Kg5 2. Dd2† bereits den Lf5 gewinnen, aber warum so Nebensächlichem nachjagen, wo edleres Wild zum Schusse steht? **1. Tf5:! Kf5: 2. Lf7!.** Schneidet dem Gegner den Rückzug ab. Die Drohung ist Df1‡, auf g3 kommt 3. Df1† Kg4 4. Df4‡. Also suchte Schwarz mit **2. . . . . e3** seinem König einen Ausweg zu verschaffen. Allein das Mattnetz erweist sich als unzerreißbar: **3. Dd3† Se4 4. De4:†! Ke4: 5. Sc3†.** Zurück auf das Todesfeld! **5. . . . . Kf5 6. Tf1‡.**

Zum drittenmal spielt in Nr. 96 das Feld f5 die entscheidende Rolle, zum zweitenmal überrascht der stille Zug

U. L.

96

Prinz Dadian von Mingrelien (am Zuge)
(Gespielt in Kiew 1902)

Lf7, der dem Feinde den Rückzug verwehrt. **1. Df5†!.** Beide Könige sind „gewandert“, aber der schwarze noch nicht weit genug. Man beachte, daß die weißen Figuren gut zum Angriff gegen den feindlichen König aufgestellt sind, während die schwarzen (insbesondere die Da7!) ein sehr bescheidenes Dasein führen. Wer mit den ihm anvertrauten Figurenkräften so wenig anzufangen versteht, darf sich nicht wundern, wenn die Katastrophe über ihn hereinbricht. **1. . . . . Kf5: 2. Lf7!** und gegen **3. Se3‡** ist kein Kraut gewachsen.

Am Rande hat es der „Wanderkönig“ natürlich besonders schwer.

N. N.

97

Mieses (am Zuge)
(Etwa 1906 gespielt)

Drescher

98

Bernardi (am Zuge)
(Gespielt in Frankfurt a. M. 1949)

In Fällen wie diesen dürften die beiderseitigen Kräfte sich ungefähr die Waage halten, wenn nicht besondere Umstände der einen Partei einen entscheidenden Angriff erlauben. Und das ist hier — bei der unglücklichen Randstellung des schwarzen Königs — für Weiß möglich. **1. g4†! fg3: e. p.** Auf 1..... Kh4 folgt nicht 2. Th6:†?, worauf der schwarze König mit 2..... Kg3 entkommt, sondern 2. Kh2! mit Mattdrohung auf h6; falls dann 2..... h5, so 3. Th6! usw. **2. Th4†!!** Die verblüffende Pointe. **2..... gh4:.** Oder 2..... Kh4: 3. Th6:‡. **3. Tb5† Db5: 4. ab5:,** und Weiß erhält eine neue Dame, Schwarz aber nicht. So einfach ist manchmal das Schachspiel!

... Wenn aber eine Königswanderung glückt, dann ist die Freude groß und eine gewisse Sensation fertig.

Weiß sollte in Nr. 98 nicht verlieren; er brauchte nur 1. T1 d7 ziehen, wonach Schwarz dauernd an die Deckung von f7 gebunden ist. Weiß suchte aber das Remis zwangsläufig herbeizuführen und ließ sich auf **1. Kh1? Df2: 2. Tg1† Kh5 3. Sg3† Kh4** ein, um erst jetzt zu seinem Schrecken zu erkennen, daß auf 4. Sf5† Kh3! 5. Tg3† Dg3:! geschieht. Er zog daher **4. Tf1.** Aber es ist zu spät: **4..... Ta1! 5. Ta1: Kh3!** Weiß gab auf. Der verfolgte König wurde zum entscheidenden Angreifer; doch ist dies — das sei noch einmal hervorgehoben — eine große Ausnahme.

Phantasie und Mattnetz

Schach ist kein Spiel, das sich ganz und gar nach einem bestimmten Schema erlernen läßt. Glücklicherweise ist es das nicht. Wir haben zwar versucht, an Hand verschiedener Schemata eine Reihe immer wieder vorkommender Mattstellungen zu zeigen, aber damit sind die Möglichkeiten längst nicht erschöpft. Die unendlich vielfältigen Figuren-Konstellationen gestatten eine solche Fülle von Mattbildern, daß sich dem freudig überraschten und begeisterten Schachfreund immer wieder Neues, immer wieder noch nicht Gesehenes darbieten wird. Man braucht nur, das haben wir schon wiederholt betont, etwas Phantasie zu besitzen, um Mattwendungen in der Partie zu finden. Man muß das Mattbild klar vor Augen haben, dann wird auch die Knüpfung des Mattnetzes nicht mehr so schwer fallen.

Um einen weiteren Einblick in die so geheimnisvolle und doch so schöne Werkstatt des Mattnetzes zu ermöglichen, lassen wir hier noch eine bunte Auswahl folgen.

99 Lidelel

Tallantyre (am Zuge)
(Gespielt 1893 in Newcastle)

Weiß erstrebt ein L-D‡ auf f7. Dies erreicht er folgendermaßen: **1. Te5:!** Beseitigt die Deckung von f7. **1. . . . . de5: 2. Tf8† Tf8: 3. Lc4† Kg7.** Der Weg nach f7 für die Dame wäre gebahnt, aber nun stört der Tf8. **4. e8S†!.** Der Störenfried wird weggelenkt. **4. . . . . Te8: 5. Df7‡.** Wo ein Wille ist, ist auch ein Weg!

100 Keffler (am Zuge)

Aitken
(Englischer Schachkongreß Newquai 1954)

Weiß hatte soeben Tf1-d1? gezogen im Glauben, es könnte nichts passieren; war doch die e-Reihe noch durch den Se5 verstellt. A b e r m i t e i n e r t y p i s c h e n D e m a s k i e r u n g s k o m b i n a t i o n erzwang Schwarz, gestützt auf den Lh3, das Matt: **1. . . . . Dd1:†! 2. Sd1: Sf3†!** — und Weiß gab auf, da auf jede Antwort 3. . . . . Te1†(‡) folgt. Sehr witzig. Man beachte übrigens, daß erst die fehlende Verbindung der Türme bei Weiß die schwarze Kombination ermöglichte.

101 Engel

Sämisch (am Zuge)
(Meisterturnier Brünn 1928)

Hier steht Schwarz schon sehr gedrückt, alle weißen Figuren sind drohend aufmarschiert. Mit **1. e5!** kam Weiß zur entscheidenden Linienöffnung. Nach **de5: 2. Th4** ist Schwarz bereits in großer Verlegenheit; Lf5: geht nicht, da nach Lf5: sowohl Le6 als auch Lh7:† droht. Er versuchte **2. . . . . h6,** allein es folgte **3. Th6:!,** denn gh6: kostet nach Sh6:† die Dame. Schwarz ist verloren; auf **3. . . . . Sd6** komponierte Weiß ein hübsches Matt: **4. Se7†! De7: 5. Th8†!.** Schwarz gab auf, denn nach Kh8: (Kf7, Dh5†) 6. Dh5† Kg8 7. Lh7†! Kh8 8. Lg6† Kg8 setzt 9. Dh7 matt. Ein wuchtiger Schlußanprall!

Wie in Nr. 97 sehen wir in Nr. 102 den weißen König am Rande, aber diesmal in offener Stellung hilflos dem Angriff von Schwarz preisgegeben. F ü r g e w ö h n l i c h w i r d d e r K ö n i g a u c h a m R a n d e m a t t, d e n n d i e s i s t d i e g ü n s t i g s t e P o s i t i o n f ü r d e n A n-

Maroczy (am Zuge)

102 

K. Zambelly
(Fernpartie, gespielt 1897/1898)

greifer. Der Rand ist ein „natürliches Hindernis“, das dem mattzusetzenden König schon von allein drei wichtige Fluchtfelder nimmt. Aber wozu so viele Worte! Eine kleine Gegenüberstellung zeigt dies viel eindrucksvoller:

am Rande — nicht am Rande

Es dürfte wohl ohne weiteres klar sein, daß die Mattsetzung am Rande leichter sein muß! Und in der Ecke am leichtesten!

Nach dieser kleinen Abschweifung kehren wir zur Diagrammstellung 102 zurück. „Ja, wie soll man den König hier am Rande mattsetzen?“ Aber gegen alle Erfahrung wird der König hier nicht am Rande, sondern mitten auf dem Brette matt! Schwarz, sowieso schon materiell erheblich im Nachteil (es hat viel Opfer gekostet, den König bis nach h4 zu treiben!) gibt auch noch den Turm her: **1. . . . . Th5†!**, um zu dem Schach auf h3 zu kommen. Schwarz benutzt sehr geschickt die Stellung der Dd4 und das Be4 für seine Zwecke. **2. Kh5: Dh3† 3. Kg5 h6† 4. Kf4 g5† 5. Ke5 De6‡.**

Keine Regel ohne Ausnahme — am allerwenigsten im Schachspiel!

Damit auch der Rand zu seinem Recht kommt, zeigen wir in Nr. 103 ein ähnliches Turmopfer auf h5 mit Mattsetzung am Rande.

K. Richter (am Zuge)

103 

G.
(Gespielt in Berlin 1930)

1. . . . . Tg1† 2. Kh4. Nicht Kh3, Th5†, Th4, Lf1‡. — Wollte Schwarz nun mit 2. . . . . g5† 3. Kh5 Le2† fortfahren, so würde er nach 4. Kg6 ratlos dastehen. Das Fluchtfeld h5 muß dem weißen König daher genommen werden: **2. . . . . Th5†! 3. Kh5: Le2† 4. Kh4** (Tg4, Lg4:†, Kh4, g5‡, bzw. Kg6, Lf3‡) **g5† 5. Kh3.** Nun kann er nicht nach h5! **5. . . . . Lf1‡.**

Krüger (Konstanz)

104 

Zost (Essen) (am Zuge)
(Städtekampf, Konstanz 1933)

Schwarz hatte soeben auf f4 getauscht, weil er annahm, Weiß müsse wiedernehmen, und er würde dann mit Df5:† ein gewonnenes Spiel erlangen. Statt dessen setzte Weiß seinen unglücklichen Gegner in wenigen Zügen matt; die geschwächte achte Reihe, die gute Stellung der weißen Figuren und vor allen Dingen der wichtige Stützbauer f5 gestatten einen plötzlichen Überfall: **1. Dd5†! Kf8** (Kh8, Da8†) **2. Dc5†! Kg8,** falls De7, so Dc8† nebst ‡. **3. Dc8†.** „Ja, warum einen solchen Umweg? Das Schach auf der 8. Reihe konnte die weiße Dame auch schon auf a8 geben." Gewiß, aber gleichzeitig soll die Dame das Feld e6 beherrschen. Darauf kommt es hier entscheidend an! **3. . . . . Df8 4. Lf7†!.** Bei De6† Kh8 ist der schwarze König in Sicherheit. Jetzt aber muß er die Deckung der Dame aufgeben oder den Läufer schlagen. In beiden Fällen gibt ihm Weiß den Todesstoß. **4. . . . . Kf7:** (Kh8 Df8:‡) **5. De6‡.**

von Hennig

105

Jakobson (am Zuge)
(Meisterturnier Göteborg 1920)

Hier sehen wir Weiß anscheinend einen Bauernsturm unternehmen, in Wirklichkeit aber ein raffiniertes Mattnetz knüpfen. **1. a4 Dh5 2. b4 Df3?.** Er hat es nicht gemerkt! **3. Da6†!.** Das war des Pudels Kern! Nach Ka6: setzt Lc8 matt, deshalb die beiden Bauernzüge! Auf Ka8 (Kb8, Dc8‡) aber kommt 4. Td8†! Lb8 (Ld8:, Dc8‡) 5. Tb8:†! Kb8: 6. Dc8‡. Eine gelungene Überlistung!

Vogel

106

Budrich (am Zuge)
(Gespielt in Berlin 1950)

Mit 1. Df7 Td5 2. Tg8: gewann Weiß zwar schließlich auch, doch erst nach wechselvollem Verlauf. R. Teschner hat jedoch herausgefunden, daß der konzentrische Aufmarsch der weißen Figuren ein Matt in spätestens 6 Zügen ermöglicht: **1. Sc6†!** Demaskierungsopfer für den Td1. **1. . . . . bc6:.** (Falls 1. . . . . Dc6:, so 2. Db8† Dc8 3. T1d7:‡; oder 1. . . . . Kc8 2. Db8‡) **2. T1d7:† Kc8 3. Tc7† Kb8 4. Tce7†! Kc8 5. Te8:† Dd8 6. Dc7‡.** Die eigenartige Verknüpfung des Springeropfers auf c6 mit dem Damenschach auf b8 verleiht der Kombination eine pikante Note und macht es verständlich, daß sie erst später entdeckt wurde.

107

Prof. Naegeli (am Zuge)

Dr. Aljechin
(Meisterturnier Bern 1932)

Schwarz darf nicht fe6: spielen wegen Df8‡. Aber der weiße König steht so eingeklemmt, daß ein hübsches Matt möglich ist: Mit **1. . . . . f5!** konnte Schwarz das Mattnetz schließen, gegen **2. . . . . Dg3†! 3. Dg3:** (Entfesselung des Tg5!) **Th5‡** gibt es keine Verteidigung. Statt dessen zog Schwarz 1. . . . . Dg1 und mußte später mit Remis zufrieden sein. Wieder einmal war eine schöne Gelegenheit versäumt — noch dazu gegen einen Weltmeister!

108

B. Koch (am Zuge)

Tröger
(Meisterschaft von Berlin 1934)

Auch in diesem Beispiel übersah Schwarz die hübsche Möglichkeit, mit **1. . . . . De1†! 2. Te1:** (die eine Deckung von d2 ist beseitigt!) **2. . . . . Td2† 3. Dd2: Td2:‡** die Schlinge ganz zuzuziehen. Freilich büßte er nicht wie Prof. *Naegeli* einen halben Punkt ein, sondern zog 1. . . . . Dh2: und gewann schließlich auch damit.

Solcher Beispiele gibt es noch mehr; siehe auch Nr. 109.

109

Stoltz

Nielsen (am Zuge)
(Nordisches Turnier, Niendorf 1934)

W e r i n s o l c h e n S t e l l u n g e n z u e r s t k o m m t , g e w i n n t g e w ö h n l i c h. Weiß war am Zuge, nutzte aber seine Chance nicht aus, sondern spielte 1. Tc5? De6 2. Db5: Kg4 3. Df1 Dd6! und verlor. Dabei stand ihm eine ganz einfache Gewinnführung zur Verfügung: **1. Dd1† Tg4 2. Dh1†** nebst ‡, bzw. **1. . . . . Kg5 2. Dd2† f4 3. Tc5** usw. — Wo ein Patzer ein Schach sieht,

110

B. Koch

Brüchner (am Zuge)
(Mannschaftskampf, Berlin 1952)

da gibt er es, sagt ein scherzhaftes Wort. Woraus in diesem Falle zu entnehmen ist, daß der Meister die Partie verlor, der Patzer aber sie gewonnen hätte. —

(110) Schwarz steht überlegen; man beachte, daß der Lc3 nur wie ein Bauer wirkt. Nach **1. Kg3?** jedoch (etwas besser 1. Kf1) konnte Schwarz ein Matt in sechs Zügen ankündigen, das sich wie folgt zwangsläufig ergab: **1. .... Tf3†! 2. Kh4: Se7! 3. g6 Sg6:† 4. Kg5 Th6!** mit undeckbarem Matt. Die stillen Züge!

C. J. Schröder

111

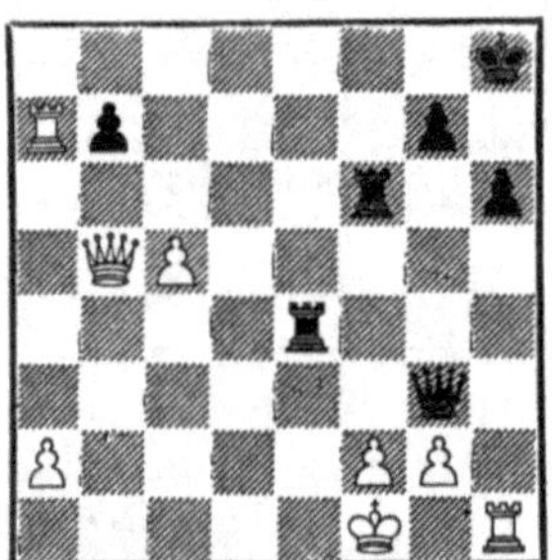

K. Erichsen (am Zuge)
(Gespielt in Kopenhagen 1933)

Was nützt die schönste Kombination, wenn man Matt wird! Weiß rannte hier blind in das Mattnetz hinein. **1. Th6:†.** Er überlegte dabei: nimmt der Gegner mit dem Turm, schlage ich seine Dame (damit war der Fall für ihn abgetan, nicht aber für seinen Partner!). Nimmt er aber mit dem Bauern, so erhalte ich nach gh6: 2. Ta8† Kg7 3. Db7:† (der Sinn des Turmopfers: Freilegung der 7. Reihe!) Tf7 (sonst wird's noch schlimmer) 4. Df7:†! nebst 5. fg3: ein gewonnenes Turmendspiel. Aber der Gegner hatte weiter gerechnet; er schlug doch mit dem Turm **1. .... Th6:!** und setzte nach **2. fg3:** den verdutzten Führer der Weißen mit **2. .... Tf6† 3. Kg1 Te1† 4. Kh2 Th6‡** kaltblütig matt.

Die alte Geschichte vom betrogenen Betrüger!

Schlage (am Zuge)

112

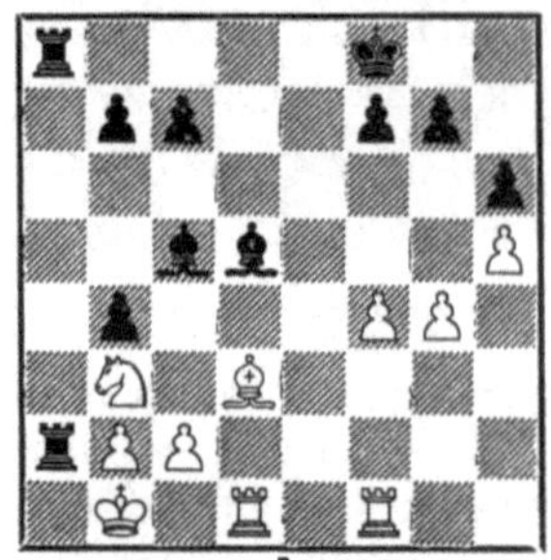

L.
(Gespielt in Berlin 1934)

Schwarz möchte gern auf a1 Matt geben, aber der Sb3 paßt auf. Schlägt er ihn, so gewinnt der König das Fluchtfeld c2. Da kam ihn eine neue Idee: **1. .... Le3!.** Kopfschütteln des Gegners: Was will der dumme Läufer? (Hinterher ist es leicht zu sehen: dem König das Feld c1 nehmen!) **2. Tde1.** Er denkt nur an das Matt auf a1, aber Schwarz hat eine Teufelei vorbereitet: **2. .... Ta1†! 3. Sa1: La2‡.** Jetzt endlich sah Weiß, was der „dumme Läufer" wollte!

Hromadka

113

Opocensky (am Zuge)
(Meisterturnier Kaschau 1931)

Der schwarze König war sich keiner Gefahr bewußt, denn notfalls stand ihm ja immer noch der Rückzug über d6 frei. „Den wollen wir ihm erst mal nehmen", dachte Weiß und zog **1. Td5:† cd5:.** Nun winkt ein schönes Matt auf e6, aber Te8 ist ein unerbittlicher Cerberus. Nichts kann ihn verlocken, seinen Platz zu verlassen. Weiß sah sich also nach einem anderen Mattbild um; da fiel ihm der unscheinbare Bf2 in die Augen. f2—f4 würde mattsetzen, aber der Sf4 und der schwarze Be4 stehen hindernd im Wege. Jedoch mit **2. Sd3†** schlug Weiß zwei Fliegen mit einer Klappe, nach **ed3:** ist die Bahn frei für den Bf2: **3. f4‡.** Eigentlich ganz einfach, nicht wahr? Doch — man muß darauf kommen!

Rellstab (am Zuge)

114 

M.
(Gespielt in Berlin 1933)

Die weiße Stellung ist sehr verdächtig, der König hat schon ziehen müssen, die Entwicklung ist vernachlässigt. Demgegenüber hat Schwarz alle Truppen im Gefecht, besonders die Türme stehen vorzüglich. In solcher Lage, das haben wir schon oft gesehen, ist fast immer eine gewaltsame Entscheidung möglich. Es gehört nur ein bißchen Phantasie dazu. Schwarz löste das Stellungsproblem folgendermaßen: **1. . . . . Td4:† 2. cd4:.** Weiß zieht ein Ende mit Schrecken dem Schrecken ohne Ende vor. Bei Nichtannahme des Opfers würde er schließlich ebenfalls verlieren müssen, also wozu sich solange quälen? **2. . . . . De1†!.** Um dies Damenopfer möglich zu machen, mußte der Turm Bahn brechen. Der König gerät in ein vernichtendes Doppelschach. **3. Ke1: Sf3† 4. Kd1 Te1‡** oder **4. Kf1 Sd2‡.**

Canal (am Zuge)

115 

Kopetzky
(Internat. Turnier Wien 1952)

Ein originelles Kesseltreiben auf den weißen Diagonalen bildet ein gutes Lehrbeispiel für diese Art des Mattangriffes. **1. . . . . Sf3†! 2. gf3: Df3:.** Droht ein bekanntes L/D-Matt auf g2 bzw. h1. Weiß kann sich nur durch schleunige Königsflucht retten. **3. Kf1 Dh3† 4. Ke2 Lc4† 5. Kd1 Db3† 6. Kc1 Ld3.** Jetzt soll es auf c2 passieren. **7. Dc7 Ta4:!** Und nun rückt das Matt auf b1 ins Blickfeld. **8. Lb4.** Verzweiflung; wie leicht ersichtlich, gibt es keine Verteidigung mehr. **8. . . . . Ta1:† 9. Kd2 Db4:†.** Weiß gab auf.

Wo rohe Kräfte sinnlos walten...

II. Kraft und Wirkung der Steine

... da kann sich kein Gebild gestalten. Auch im Schach nicht! Wer nicht versteht, seine Figuren richtig aufzubauen, wer nicht versteht, ihnen die größte Wirksamkeit zu verleihen, der wird es auch nie zu schönen Kombinationen bringen. Erst der Aufbau der Stellung, erst der günstige Aufmarsch der Truppen schafft die Vorbedingung zur Kombination. Wir haben uns ja schon im ersten Teil des Buches bemüht, hin und wieder die Fehler aufzuzeigen, die den Verlierenden in eine so mißliche Lage brachten, und die Stellungsmomente hervorzuheben, die dem Sieger die entscheidende Kombination ermöglichten. Aber darüber ist längst nicht genug gesagt; diesen beiden Punkten soll daher der zweite Teil des Buches in ganz besonderem Maße gewidmet sein. Zunächst ist es wichtig, zu überlegen, wo denn die Steine am besten stehen, wo sie die ihnen eigentümliche Kraft am besten zur Geltung bringen; hier betrachten wir Springer, Läufer, Turm und Bauer in charakteristischen Stellungen und Kombinationen. Die Dame ebenfalls mit einzubeziehen, ist nicht nötig. Sie wirkt, worauf wir schon hinwiesen, in vielen Kombinationen entscheidend mit, indem sie entweder ihre Turm- oder Läuferkraft in die Waagschale wirft oder durch ihr Opfer erst den übrigen Figuren die Zugstraßen zum Siege öffnet. Die Dame ist unbestritten die Königin der Kombination!

Im Anschluß hieran folgen Überlegungen über die allgemeine Wirksamkeit der Figuren, über ihre Kraftvermehrung (Abzugangriffe!) und ihre Kraftverminderung (Fesselung, Hemmung), sowie über ihre Stellung im Gesamtbild der Partie.

A. Die Wirksamkeit der einzelnen Figuren

Es ist zunächst einmal interessant, festzustellen, wieviel Felder die Figuren minimal und maximal auf dem leeren Schachbrett beherrschen. Da ergibt sich folgende Tabelle:

	Maximalwirkung:	Minimalwirkung:
Dame	27	21
Turm	14	14
Läufer	13	7
Springer	8	2
König	8	3

In die Augen fällt zunächst, daß der Turm sich in seiner Wirkung immer gleich bleibt; seine Wirkungslinien müssen nur offen und nicht durch Figuren oder Bauern verbaut sein. In der Kampfkraft am schwächsten scheint der Springer zu sein, doch vergesse man nicht die ihm innewohnende Fähigkeit, über andere Figuren hinwegzuspringen, die ihn zu einem ganz gefährlichen Raubritter macht. Auf eines noch sei hingewiesen: Der Läufer ist immer an seine Farbe gebunden, der Springer muß ständig die Farbe seines Standfeldes wechseln, allen anderen Figuren ist die Wahl der Farbe mit jedem Zuge freigestellt.

Der „Raubritter"

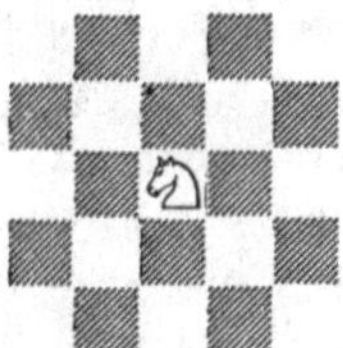

Das „Springerrad"

Die größte Wirksamkeit entfaltet ein Springer in der Brettmitte; dort beherrscht er acht Felder.

Ein „Springer am Rande" (welche Schande!) beherrscht nur noch vier Felder, unter Umständen auch nur drei (z. B. auf a2).

Aber die größte Unbill widerfährt dem Springer doch in der Ecke, dort kann ihn sogar der feindliche König „mattsetzen"! Diesen traurigen Ruhm hat der Springer vor allen anderen Figuren voraus.

Aber der Springer rächt sich für diese Schmach: das „Familienschach", das er geben kann, können ihm wieder die anderen Figuren nicht nachmachen. So kann er theoretisch mit **einem** Zuge den König und **sechs** weitere Steine des Gegners angreifen. Dazu wird es freilich nicht kommen. Am weitaus häufigsten ist der einfache Doppelangriff auf König und Dame, das gefürchtete „Schach-Gardez"! Dieses Motiv wird sehr oft in Kombinationen benutzt, und mit der Wiedergabe einer kleinen Auslese von Doppelangriffen wollen wir es beim Springer genügen lassen. Im übrigen verweisen wir betreffs der Wirksamkeit der einzelnen Figuren auch auf die „Einfachen Mattbilder" im Anfang unserer Ausführungen, die die Figuren in charakteristischen Mattstellungen zeigten. —

Davidson

116

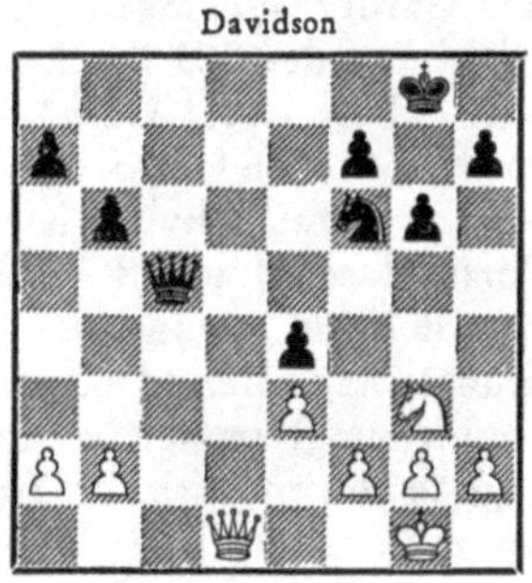

Dr. Euwe (am Zuge)

(Wettkampfpartie, gespielt 1925 in Holland)

Mit Se4: könnte der weiße Springer zwei Figuren des Gegners angreifen, aber sein Kollege auf f6 würde ihm schön in die Parade fahren. Ja, wenn der feindliche König auf f6 stände! Doch das können wir ja leicht erreichen: **1. Dd8† Kg7 2. Df6:†! Kf6: 3. Se4:†** nebst **4. Sc5:**. Weiß hat mit dieser Abtauschkombination zwar nur einen Bauern erobert, aber das genügt im Bauernendspiel zum Gewinn.

117

Bogoljubow (am Zuge)

Dr. Euwe
(Turnier zu Mährisch-Ostrau 1923)

Auch dieses Beispiel ist einfach und führt nur zum Bauerngewinn. Man beachte die mangelhafte Entwicklung von Weiß und den schlecht gedeckten Sc3!. **1. . . . . Lf2:†.** Der König wird, wie in Nr. 116, in das „Schach-Gardez" hineingelockt. Aber noch bewacht der Sc3 das kritische Feld e4. **2. Kf2: Dc3:! 3. Dc3:.** Nun ist der Weg für Sf6 frei. **3. . . . . Se4†** nebst **4. . . . . Sc3:.** Schwarz hat alles geopferte Material zurück, aber der Bf2 wurde dabei gewonnen.

Mitunter kann man die Springergabel auch zur Rettung aus bedrohter Lage benutzen; nicht oft freilich gelingt es so schön und „doppelt" wie in dem folgenden Schlußspiel.

Weiß stand im Hinblick auf die schwarzen Endspielschwächen a6 und g7 recht aussichtsreich; aber sein letzter Zug (Lg5—e7?) erlaubte es Schwarz, sich mit einer doppelten Springergabel zu retten: **1. . . . .**

118

Schuster (am Zuge)

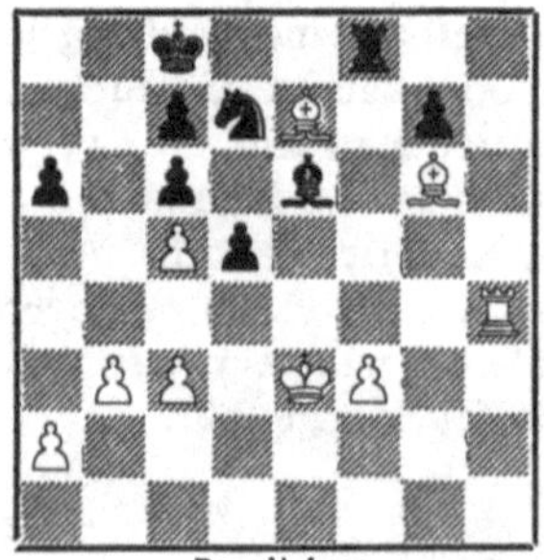

Bogoljubow
(Ernste Partie, Stuttgart 1952)

Tf3:†! Falsch wäre dagegen 1. . . . . Se5? 2. Lf8:! Sg6: 3. Th1 Sf8: 4. Th8!, und der gefesselte Springer geht verloren. **2. Kf3: Se5†.** (Erste Gabel . . .) **3. Ke3 Sg6:.** (. . . zweite Gabel!) Remis; nach 4. Lg5 Sh4: 5. Lh4: ist der schwarze Mehrbauer im Hinblick auf die ungleichfarbigen Läufer wertlos.

119

Rellstab

H. Wagner (am Zuge)
(Meisterturnier Swinemünde 1930)

Allmählich wird die Sache schwieriger. Weiß steht hier überlegen; alle schwarzen Figuren befinden sich auf der Grundlinie, entfalten also nur geringe Wirksamkeit. Weiß dagegen ist mit fast der ganzen Streitmacht im Angriff. Er verbesserte seine Stellung noch durch **1. Te8!.** Kann der Turm nicht geschlagen werden? Nein, denn er ist durch — den Sf4 gedeckt! Falls nämlich 1. . . . . De8:, so 2. Sh5† Kh7 3. Sf6† (Schach-Gardez!). Hier diente also das Schach-Gardez dazu, einen starken Angriffszug zu ermöglichen. Schwarz erwiderte **1. . . . . Dg5** (auf Dd4: bringt Sh5†, Kh7, Te7† die Entscheidung. Der schwarze König ist auf der 7. Reihe ohne Bauernschutz, und das macht sich bemerkbar!). Es folgte **2. De3 h5.** Eine ausreichende Verteidigung ist nicht mehr möglich. **3. De5†.** Aufgegeben (Df6 oder Kh7, Te7† usw.).

Der Stuttgarter Meister *Th. Schuster* hat jedoch herausgefunden, daß Weiß auch anders gewinnen konnte: 1. Sh5† Kh7 2. Dc7†! („Der eine opfert den Turm, ich die Dame, im Endeffekt mit derselben Wirkung"). 2. . . . . Dc7: 3. Sf6† Kg7 4. Se8† Kh7 (Reizvoll bleibt, daß der schwarze König der „Schachmühle" nicht entrinnen kann). 5. Sc7: mit Gewinn des Ta8, da zusätzlich noch 6. Te7‡ droht. Allerdings kann Schwarz auf 2. Dc7† mit 2. . . . . Sd7 das angebotene Opfer ablehnen, allein auch dann sollte Weiß mit

Nardus (am Zuge)

120

N. N.
(Gespielt in Biarritz 1912)

3. Dd6 Te8 4. Sf4 leicht gewinnen. — Also eine „Nebenlösung!". Dennoch ist der Partiezug zwingender.

In Nr. 120 opferte Schwarz seine Dame, um sie mit Zinsen durch ein Schach - Gardez zurückzuerhalten. Aber nicht so, wie wir es bisher sahen, sondern durch ein Abzugschach, das von Turm und Springer auf der 1. Reihe nach bekanntem Schema vorbereitet wird. Man merke sich diese Wendung! **1. . . . . Df1:†! 2. Kf1: Sd2†.** Auch Td1† führt zum Rückgewinn der Dame, aber unter Verlust des Td1 (Ke2, Sg3†, Kd1:, Sf5:), während Schwarz mit dem nun folgenden Manöver einen Turm mehr behält. **3. Kg1 Te1† 4. Kh2 Sf1†.** Der Springer ruft dem König, der sich über g3 in Sicherheit bringen wollte, ein donnerndes „Halt!" zu. **5. Kg1 Sg3† 6. Kh2 Sf5:.** Die Dame kostenlos zurück, die Beute (Tf1) verbleibt dem Schwarzen.

Hans Müller

121

Bogoljubow (am Zuge)
(Gespielt in Triberg 1934)

In dieser Stellung ist eigentlich „nichts Besonderes" los. Und doch, wenn man genauer hinsieht, macht die Position der beiden schweren schwarzen Figuren (b4 und d4) einen etwas unsoliden Eindruck. Weiß versuchte, dies auszunützen, und spielte **1. Sd5!.** Überraschend, nicht wahr? Aber der Zug geht. Denn auf cd5: will Weiß die Gabel 2. c3 geben, und selbst Te4: (um für den Verlust der Qualität wenigstens noch Bauernbeute zu machen) ist dann nicht mehr möglich wegen 3. Da7! (droht ‡, die Db4 hängt nach wie vor). Also erwiderte Schwarz **1. . . . . Dc5.** Besser war es freilich, mit 1. . . . . Sd5:! einen der gefährlichen Raubritter zu beseitigen, denn diese hausen nun fürchterlich. **2. Dd4:!** Zur Vorbereitung des Schach-Gardez. **2. . . . . Dd4: 3. Se7† Kb8** oder **Kd8 4. S7c6:† bc6: 5. Sc6:†** nebst Sd4:. Endergebnis: Qualität und zwei Bauern mehr!

Swiderski (am Zuge)

122 

Marshall
(Meisterturnier Nürnberg 1906)

Jedoch — der Schein trügt mitunter; auch bei einer Springergabel! Wohl die meisten Spieler hätten hier so fortgesetzt wie der Führer der schwarzen Steine: **1. . . . . Dg2:† 2. Kg2: Se3† 3. Kf3 Sd1:**, eine verlockende und, wie es scheint, einfache Kombination. Aber nach **4. c4!** saß der Springer in der Falle und mußte sich vom weißen König erobern lassen.

Ein abschreckendes Beispiel, um wieder einmal darauf hinzuweisen, daß man eine Kombination nicht nur bis zu ihren naheliegenden Zielen, sondern auch noch darüber hinaus durchdenken muß. Vielleicht hat sich der Gegner absichtlich darauf eingelassen!? Dann ist es nötig, zu überlegen: Weshalb? —

Wir beschließen das Kapitel vom „Raubritter“ mit ein paar Hinweisen auf öfters vorkommende Doppelangriffe des Springers, die ihm die Qualität einbringen.

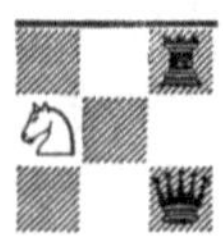

Auf diese oder ähnliche Weise sind schon viele Qualitäten verloren gegangen.

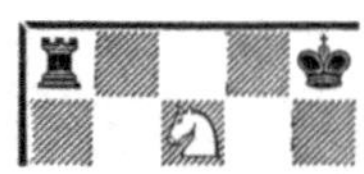

Nicht minder häufig ist dieses peinliche Springerschach, das zunächst einen ganzen Turm erobert. Gewöhnlich kommt der Springer aber aus der Ecke nicht ohne weiteres wieder heraus.

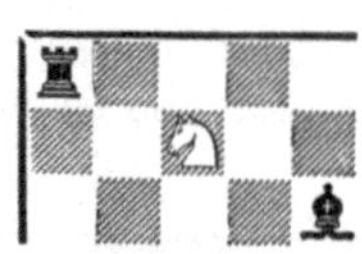

Ebenfalls ein fataler Doppelangriff; der angegriffene Turm kann den Läufer nicht decken, denn alle in Betracht kommenden Felder beherrscht der Springer.

Auch zur Herbeiführung solcher Stellungen gibt es natürlich Kombinationen; diese sind aber meist so banal, daß wir uns ihre Vorführung schenken können.

Der fernhin zielende Läufer

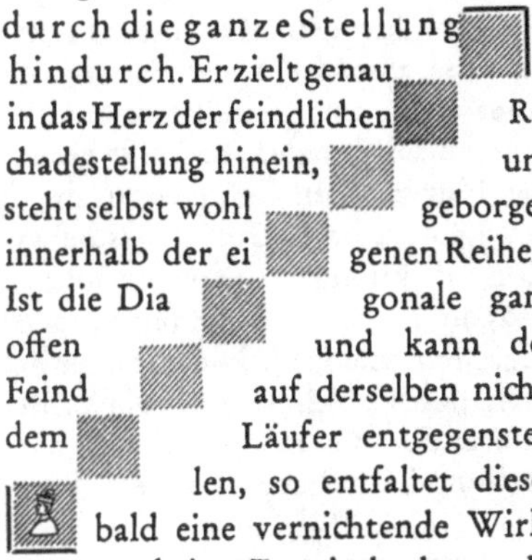

So ein Läufer auf der langen Diagonalen sieht förmlich durch die ganze Stellung hindurch. Er zielt genau in das Herz der feindlichen Rochadestellung hinein, und steht selbst wohl geborgen innerhalb der eigenen Reihen. Ist die Diagonale ganz offen und kann der Feind auf derselben nichts dem Läufer entgegenstellen, so entfaltet dieser bald eine vernichtende Wirksamkeit. Es sind dann die schönsten und kühnsten Angriffe und Kombinationen möglich. Man kann sich leicht vorstellen, wie schwierig die Lage für den Gegner ist, wenn nicht nur ein, sondern gleich beide Läufer vereint von weit her seine Stellung bedrohen.

„Aber seine Höchst-Wirksamkeit erreicht der Läufer doch nicht auf der großen Diagonalen, sondern mehr im Zentrum des Brettes, wo seine Wirkungsstrahlen sich nach allen Seiten hin ausdehnen können!" Gewiß, die Zahl der beherrschten Felder wird dort eine größere sein. Aber es kommt ja nicht auf die Zahl allein an, obwohl diese (größere Terrainbeherrschung!) manchmal den Ausschlag gibt, sondern auch auf die Wirkung, die eine Figur an einer bestimmten Stelle erzielt. Und der Läufer ist am gefährlichsten, wenn er sich auf eine offene für den Gegner wichtige Diagonale konzentriert, statt seine Kraft nach allen Seiten zu verzetteln.

Der Läufer kann natürlich auch, statt von weit her anzugreifen, dem feindlichen König dicht auf den Leib rücken und dabei lähmend auf das feindliche Spiel wirken.

In solchen Stellungen z. B., auf die wir bereits bei Erörterungen über das Mattnetz hinwiesen, ist die nahe Nachbarschaft des weißen Läufers (der auch auf h6 stehen kann) für den schwarzen König eine große Gefahr. —

Was ist nun besser, Springer oder Läufer? Über diese Streitfrage ist schon viel geschrieben worden, doch läßt sich in bezug auf das Mittelspiel keine klare Entscheidung fällen. Hier kommt es zu sehr auf die Stellung an und auf die Möglichkeit, die Kraft des Springers oder Läufers zur Geltung zu bringen, als daß man sagen könnte: der Läufer ist das Richtige!, oder: pah!, was ist schon ein Läufer! Da ist doch der Springer ein ganz anderer Kerl!

Nein, so geht das nicht. Es muß zugegeben werden, daß es Spieler gibt, die eine besondere Vorliebe für eine bestimmte Figur zeigen und diese dann auch sehr geschickt zu führen verstehen. Das ist aber kein Beweis. Wir erachten daher Springer und Läufer im Mittelspiel für gleichwertig. Nun kann man ja allerdings oft in Partieglossierungen lesen: „Er verschaffte sich den Vorteil der beiden Läufer!" und daraus entnehmen, daß ein Läufer zwar nicht mehr wert ist als ein Springer, zwei Läufer aber doch ganz anderen Gefechtswert besitzen als zwei Springer. Für das Mittelspiel müssen wir auch diese These als zu allgemein ablehnen; im Endspiel freilich kommt die Kraft der vereinigten Läufer gegen die hier doch etwas unbeholfenen Springer schon eher zur Geltung.

Wenden wir uns nun der Praxis zu, soweit sie den Läufer in Tätigkeit zeigt.

Mai (am Zuge)

123

Komke
(Sommerturnier 1931 des Berliner Schachverbandes)

Wir beginnen mit einem lustigen Beispiel, das uns Gelegenheit gibt, auf den Doppelangriff durch den Läufer aufmerksam zu machen. Schwarz zog hier **1. . . . . b4.** Er rechnete dabei mit 2. Te8:, was in der Tat ein für Weiß verführerischer Zug ist: denn nach Ke8: ist der Doppelangriff Lb5† möglich. Schwarz wollte aber auf 2. Te8: mit dem Zwischenschach Ta6:† erst den Läufer beseitigen und dann auf e8 wiedernehmen, wonach sein b-Bauer nicht mehr aufzuhalten ist. Er hatte aber die Rechnung ohne den Wirt gemacht, denn auf 1. . . . . b4 antwortete Weiß mit **2. Lc4†!** und kam dadurch doch zu dem erstrebten Doppelangriff: **2. . . . . Kf8 3. Te8:† Ke8: 4. Lb5†** nebst La4:. Schwarz wollte Weiß in eine Falle locken, hatte sich aber selbst gefangen. Im übrigen aber merken wir uns hieraus: Steht der König auf einer für den feindlichen Läufer offenen Diagonalen, so heißt es, auf der Hut zu sein! Leicht kann durch ein Läuferschach Unheil geschehen. Auch Fesselungen auf einer solchen Diagonalen sind höchst lästig, meist sogar entscheidend. Nicht immer hat man dabei solch Glück, wie es der Führer der Weißen in nachstehender Stellung hätte haben können:

Malzahn

124

Harms (am Zuge)
(Lüneburger Kongreß 1935)

Ein typisches Bild: Festnagelung der Dame durch den Läufer auf der gegen den König offenen Diagonale. Auf diese Weise gehen an sich viele Partien verloren. Aber dies hier ist eine Ausnahme: Weiß hat eine Gegenkombination zur Verfügung, die ihn rettet. Allein — er ging achtlos an seinem Glück vorüber und gab die Partie auf! Statt aufzugeben, hätte er aber mit **1. Lb5†!** das bessere Spiel erlangen können. Der Zug unterbricht die Deckung des Lc5 und liegt eigentlich nahe genug. Sowohl nach **1. . . . . ab5: 2. Dc5:** als auch nach **1. . . . . Db5: 2. Sb5: Ld4:† 3. Sd4:** verdient das weiße Spiel den Vorzug. —

Wir kommen nun zu Stellungen, die den Läufer als Hauptfigur bei der Einengung des feindlichen Königs zeigen.

Dr. M.

125

K. Krause (am Zuge)
(Gespielt in Leipzig 1933)

Wie ein Alpdruck lastet Lf6 auf der schwarzen Stellung; so nebenbei hat er auch noch den Th8 nach h7 gezwungen, wo er seinem König den letzten Fluchtweg versperrt. Die weißen Türme können auch nicht besser postiert sein. Wieder ist es die Dame, die durch ihr Opfer die uns nun nicht mehr überraschende Schlußwendung einleitet: **1. De7†! Te7: 2. Td8† Te8 3. Kg8†! Kg8: 4. Te8:‡.** —

In Nr. 126 kommt eins zum andern: der beherrschende Lf6, der Blockadebauer h6, der Turm auf der 7. Linie. Der schwarze König also von Gefahren umdräut, dabei die schwarze Hauptmacht am Damenflügel versammelt. Aber — wie dringt Weiß in die feindliche Königsstellung ein? Wie zertrümmert er den anscheinend festgefügten Bauernwall f7—g6—h7? Nun — das Damenopfer auf g6 drängt sich dem nüchternen Beschauer unwillkürlich auf; es bringt in der Tat den Sieg. **1. Dg6:†! hg6: 2. Sg5!** und gegen h6—h7 (evtl. —h8D‡) ist nichts zu erfinden. Etwas verwickelter ist die Lage nach **1. . . . . fg6:**; Weiß erzwingt aber auch dann das Matt mit **2. Tg7† Kh8 3. Sg5** (droht Th7:† nebst Th8‡) **3. . . . . Tf6:** (endlich ist er den furchtbaren Läufer los! Aber es hilft ihm nicht mehr) **4. ef6:** (droht Sf7‡) **Tf8** oder **Le8 5. f7** (droht Th7:‡; auf Tf7: bzw. Lf7: setzt Sf7: matt).

Nicht minder gefährlich ist der Läufer, wenn er auf h6 in das schwarze Spiel „hineinsieht".

Hübner

126

K. Richter (am Zuge)
(Gespielt in Berlin 1931)

Chr. Poulsen

127

Jul. Nielsen (am Zuge)
(Dänische Meisterschaft 1942)

Mit **1. Dd7:!** nutzte Weiß die beherrschende Position des Lh6 glänzend aus (1..... Dd7:? 2. Ta8† nebst Matt). Das war aber noch nicht alles. Auf den Versuch **1..... Tf8** folgte der nicht weniger schöne Zug **2. Tf6:!!**, der allerdings nach **2..... Td8** zu einem prosaischen Schluß führte: **3. Dc8: Tc8: 4. Tf4 Sc3 5. Kf1**, und Schwarz gab auf. „Skakbladet" weist aber auf 3. De7:! (statt Dc8:) hin; z. B. 3..... Dc1† 4. Se1!! (4. Lf1? Df1:†! 5. Kf1: Td1† 6. Ke2 Se3‡) 4..... De1:† 5. Lf1, und nun scheitert 5.....Df1:† daran, daß der weiße König nach f3 entkommt.

N. N.

128

Helling (am Zuge)
(Gespielt in Berlin 1924)

In dieser Position sehen wir zwei weiße Figuren sich auf den am gegnerischen Königsflügel schwach gewordenen schwarzen Feldern einnisten und ein bekanntes Matt zusammenbauen. Sofort Lf6 (was Dg7‡ droht) wird aber wirksam mit Lf8 pariert. Ist es möglich, diese Verteidigung auszuschalten? Ein weiterer Blick auf das Diagramm lehrt uns, daß sämtliche weißen Figuren gut entwickelt sind und aussichtsreiche Stellungen einnehmen. Schwarz dagegen ist in der Entwicklung zurück, sein Königsflügel arg geschwächt, der Lc8 in trauriger Lage. Besonders der letztere Umstand wird Schwarz zum Verhängnis. Weiß erzwang wie folgt den Gewinn: **1. Tc5:! Dc5:**. Der eine Verteidiger ist beseitigt, und der andere — wird abgetauscht! **2. Lb5!**. Ein fataler Zug. Schlagen darf Schwarz den Läufer nicht, denn er muß sich gegen Lf6 mit Df8 verteidigen können. Aus dem gleichen Grunde darf auch nicht Tf8 geschehen. Flüchten kann der Turm auch nicht, also bleibt nur **2..... Df8.** Nun machte Weiß die 8. Reihe völlig schutzlos: **3. Le8: De8: 4. Lf6 Df8 5. Df8:† Kf8: 6. Td1.** Die Pointe. Das Matt auf d8 ist nur durch Aufopferung des Lc8 zu decken. Hier hat die Praxis die Wirkung der beiderseitigen Läufer mit Schwarz-Weiß-Strichen gezeichnet.

Aber auch die schwarzen Läufer sind natürlich zu solchen Leistungen fähig.

Cabral (am Zuge)

129

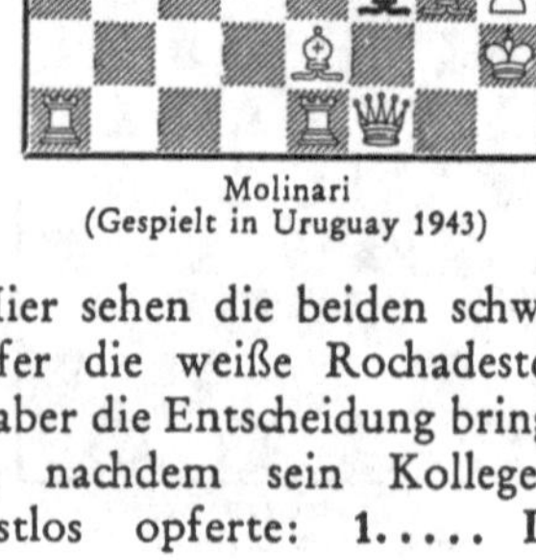

Molinari
(Gespielt in Uruguay 1943)

Hier sehen die beiden schwarzen Läufer die weiße Rochadestellung an, aber die Entscheidung bringt der Lf3, nachdem sein Kollege sich selbstlos opferte: **1..... Lg1†!!**

2. Dg1:. (2. Kg1: Dg3:†) 2. . . . . Sg4†! 3. hg4: Dh6†! 4. Lh4 Dh4:‡. Damit die weiße Dame nicht auf h3 dazwischenziehen kann, mußte sie erst „abgelenkt" werden. Der Lf3 beherrschte dann die Lage.

Müller (Stettin)

130

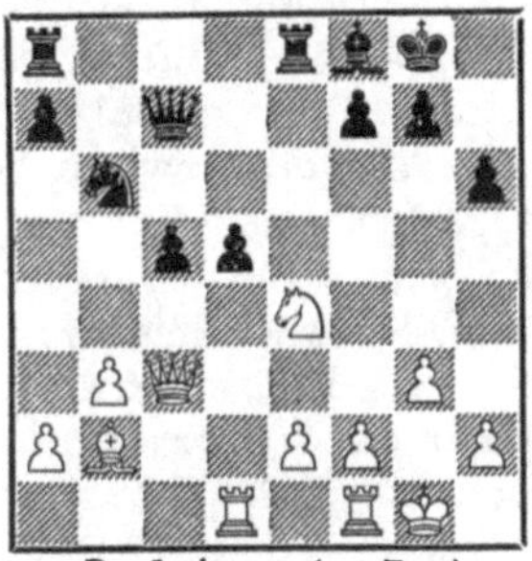

Dr. Lachmann (am Zuge)
(Aus einem Turnier in Stolp 1934)

Wieder D-L auf einer großen Diagonalen, diesmal aber von Schwarz noch verteidigt. Mit **1. Sf6† gf6: 2. Df6:** erzwang sich Weiß die Freilegung der Diagonale, aber noch einmal vermochte sie Schwarz mit **2. . . . . d4** zu schließen. Weiß, konsequent sein Ziel verfolgend, opferte nun noch einen ganzen Turm, um die Herrschaft über diese prächtige Linie zurückzugewinnen. **3. Td4:! cd4: 4. Ld4: Kh7.** Die sofortige Flucht bildet die einzige Hoffnung auf Rettung. **5. g4!!.** Schwarz hatte mit 5. Dh8† Kg6 6. g4 gerechnet und darauf das überraschende Dh2:†!! 7. Kh2: Ld6† nebst Th8: geplant. Aber diese einfache Zugumstellung durchkreuzt seine Absichten; es droht Dh8† Kg6 Dg8‡. Obwohl um T und S stärker, kann Schwarz sich nicht dagegen verteidigen, denn auch 5. . . . . Te5 6. Le5: De5: 7. De5: ist chancenlos. Er gab daher auf. Dieses hübsche Beispiel zeigt in ganz besonderem Maße die Stärke der von Dame und Läufer beherrschten Diagonalen.

Auch in dem nun folgenden Beispiel sehen wir die beiden Hauptakteure von eben. Nur der Sc3 steht noch dazwischen.

Alexander (am Zuge)

131

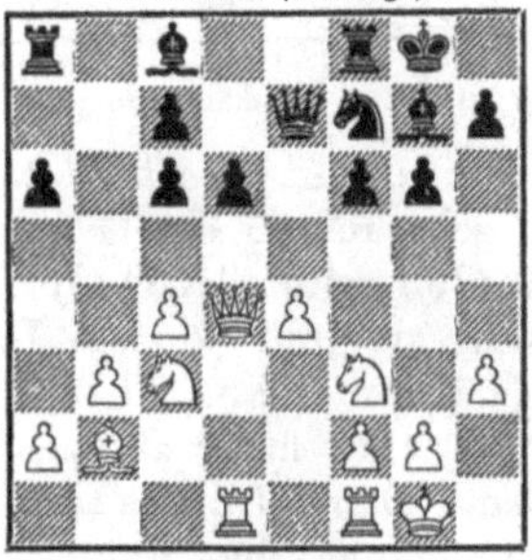

Illingworth
(Meisterturnier Hastings 1931)

Unvorsichtigerweise zog Schwarz **1. . . . f5?** und öffnete damit die eben noch sorgfältig geschlossene Tür zu seiner Königsstellung. Nun aber demaskierte Weiß mit **2. Sd5!** den Lb2, drohte Matt auf g7, gleichzeitig aber Damengewinn durch Se7:† und eroberte damit mindestens eine Figur (2. . . . . Ld4: 3. Se7:† Kg7 4. Ld4:† usw.). Man möchte an solche vom Feinde besetzten Diagonalen ein Schild hängen mit der Aufschrift: „Vorsicht! Nicht anrühren! Diagonale!" —

(132) Schwarz ist im Vorteil, alle Figuren sind gut postiert. Demgegenüber steht die weiße Dame sehr ungünstig; der „Angriff" auf den armen Bauersmann a7 ist in solch offenen Stellungen völlig bedeutungslos. Schwarz nutzte die schöne Diagonale, die sein Läufer beherrscht,

132 F. Giegold (am Zuge)

H. Schatz
(Gespielt im Schachklub Hof 1928)

wie folgt aus: **1. . . . . Dh7†! 2. Th3.** Sonst geht auf d3 eine Figur verloren. Nun reicht das D-Opfer auf h3 nicht aus, mit (2. . . . . Dh3:†) 3. gh3: Td1† 4. Kh2 Th1† 5. Kg3 Tg1† ist nicht mehr als Remis zu erzielen. Der Td5 steht im Wege; ohne ihn ginge 2. . . . . Dh3:† 3. Kg1 (Bg2 wäre dann ja gefesselt!) Dg2:‡. Also — muß der Turm beseitigt werden. **2. . . . . Td1† 3. Kh2 Th1†!.** Nun wäre nach Kh1: die alte Stellung erreicht ohne den Td5, und es käme 3. . . . . Dh3:† usw. Weiß versuchte daher, über g3 zu entkommen, **4. Kg3,** entging aber auch dort seinem Schicksal nicht: **4. . . . . Dh4†! 5. Th4:† gh4:‡.**

133 Grob

K. Richter (am Zuge)
(Meisterturnier Nauheim 1935)

Weiß hatte einen ganzen Turm ge-, oder sagen wir schon lieber: veropfert, und kämpfte seit geraumer Zeit nur noch um das Remis. Sein Läufer leistete ihm hierbei vortreffliche Dienste und macht sich auch jetzt noch, wie das Bild zeigt, ganz nützlich. Mit **1. Tc5:†!** verhalf ihm Weiß zu voller Wirksamkeit; nach **Tc5: 2. De7†** mußte Schwarz mit dem ewigen Schach 2. . . . . Kc8 3. De8† Kc7 usw. zufrieden sein. Denn wollte er sich etwa einfallen lassen, mit dem König nach b8 zu gehen, so hätte er nach Dd8† nur die Wahl zwischen zwei Todesarten: Tc8, Db6:‡, oder Ka7, Da8‡.

134 Loman

Dr. Euwe (am Zuge)
(Turnier zu Rotterdam 1923)

Weiß ist hier im Angriff, doch mit Dh7† ist im Augenblick nicht viel zu erreichen, denn, das wissen wir ja schon, Lg7 ist ein guter Schutz. Nun lauert aber Lb2 im Hintergrund, zwar gehemmt durch Bd4, aber dieses Hindernis überwindet der Springer: **1. Sd4:!.** Und das war auch höchste Zeit, denn käme Schwarz zu c6—c5, wäre er endgültig gesichert und könnte an Gegenangriff denken. **1. . . . . Ld4:.** Schwarz wird wohl nicht geglaubt haben, daß der Gegner eine Figur einstellt, also war ihm schon alles gleich. Das kann man verstehen, denn es drohte ja nicht nur 2. Sc6: mit ähnlicher Fortsetzung wie in der Partie, sondern auch 2. Dh7† Kf8 3. Se6†! fe6: 4. Dg7:‡. Allerdings ist es nun erst recht aus: **2. Dh8†! Lh8: 3. Th8:‡.** Eindrucksvolle Verlängerung der Wirkungslinie des Lb2!.

Tschigorin (am Zuge)

135

Schiffers
(Wettkampfpartie, gespielt 1897)

Hier sehen wir die beiden starken Läufer von Schwarz sehr wirkungsvoll den feindlichen Königsflügel bedrohen. Um diese Stellung zu erreichen, hat Schwarz freilich die Dame geben müssen, doch sollte es sich lohnen: mit **1. . . . . Th1† 2. Sh1: Lh2†!! 3. Kh2: Th8†** konnte er die letzte Schutzfigur des Königs, den Sg3, beseitigen.

Ginge der weiße König nun nach g1 zurück, so setzt ihn Th1: in bekannter Weise matt. Schwarz wird die Kombination verworfen haben, weil er glaubte, der König könne über g3 in Sicherheit kommen. Allein auch dort ereilt ihn sein Geschick: **4. Kg3 Sf5† 5. Kf4 Th4‡.** — Schwarz zog statt dessen 1. . . . . b6 und die Partie endete später unentschieden. So war wieder einmal eine schöne Gelegenheit verpaßt!

Damit wollen wir das Kapitel von den Läufern beenden. Es hat uns gezeigt, wie gefährliche Figuren die Läufer im Mittelspiel und besonders beim Königsangriff sind.

Die wuchtigen, gradlinigen Türme

Es ist dem Turm nicht gegeben, wie der Läufer quer durch die ganze Stellung hindurchzusehen. Er hat mit den schrägen Linien nichts im Sinn, er ist der Beherrscher der Senkrechten und Waagrechten. Gradlinig ist sein Weg, wuchtig sein Schritt, nicht schwerfällig, sondern schwerkalibrig.

Am besten kommt der Turm auf einer offenen Linie zur Geltung; da kann er sich ungehindert entfalten. Prachtvolle Wirkungen erzielt er, wenn es ihm gelingt, auf die 7. (bzw. 2.) Reihe vorzudringen. Ein herrliches Gefühl ist es auch, mit dem Doppelgespann zweier Türme eine offene Linie zu besetzen und alles, was sich in den Weg stellt, zu vernichten.

Ein Höchstmaß an Kraft bedeutet aber die Verdreifachung der Türme (wobei der dritte Turm die Dame ist!) auf offenem Terrain. Diese „Triplierung der schweren Figuren“ ist eine furchtbare Waffe im Mittelspiel.

All diese Eigentümlichkeiten des Turmes möge der geneigte Leser an Hand nachfolgender Schlußspiele studieren.

Zehntmayer

136 

Andreascheck (am Zuge)
(Gespielt in Wien 1913)

Ein ganz simpler Fall, aus dem aber doch manches zu lernen ist. Weiß schlug nicht auf g5, das Endspiel nach ab6: Kg4: wäre nur remis. Auch 1. Tb8† Tg8 führt zu nichts. Aber der stille Zug **1. Tb7!** bringt wider Erwarten noch den Gewinn; denn zieht der angegriffene Turm nach g8, folgt 2. Th7‡. Rettet er sich aber seitwärts auf der 5. Reihe, führt 2. Tb8† zum Matt.

Wir weisen bei dieser Gelegenheit wieder einmal auf den ersten Teil des Buches (Das Mattnetz) hin, der uns den Turm in allerlei verschiedenen Mattstellungen als Hauptbeteiligten zeigt. —

L. E. Owen (am Zuge)

137 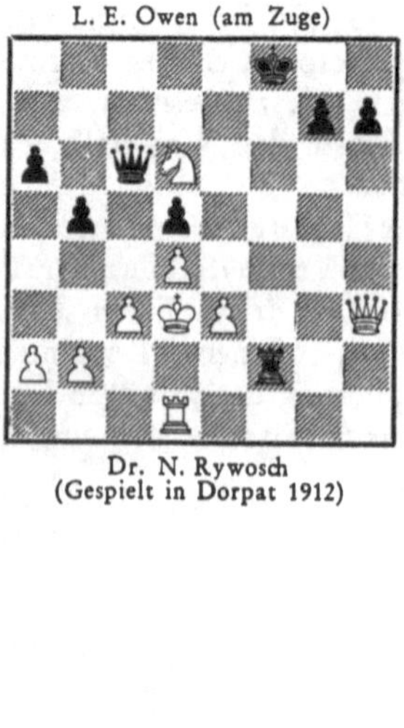

Dr. N. Rywosch
(Gespielt in Dorpat 1912)

(137) Der Turm auf der zweiten Reihe! Gewöhnlich ist es ein Hauptziel des Turmes, im Endspiel auf die zweite Reihe zu gelangen, um den feindlichen König auf der ersten festzuhalten und nicht herauszulassen. Kommt er aber im Mittelspiel schon dorthin, so bedeutet dies für den Gegner: Achtung! Höchste Gefahr für den König!

Um diese Warnung nachdrücklich zu unterstreichen, hat nun im folgenden die Praxis selbst das Wort.

In der vorstehenden Stellung mußte der weiße König nach d3 wandern. Hier nun ereilt ihn das übliche Schicksal des „Wanderkönigs“: **1. . . . . Dc4†! 2. Sc4: bc4:‡.** Der feindliche Turm auf der zweiten Reihe schneidet den Rückzug ab.

Eine ähnliche Mattsetzung zeigt das folgende Bild.

J. W. Robson (am Zuge)

138 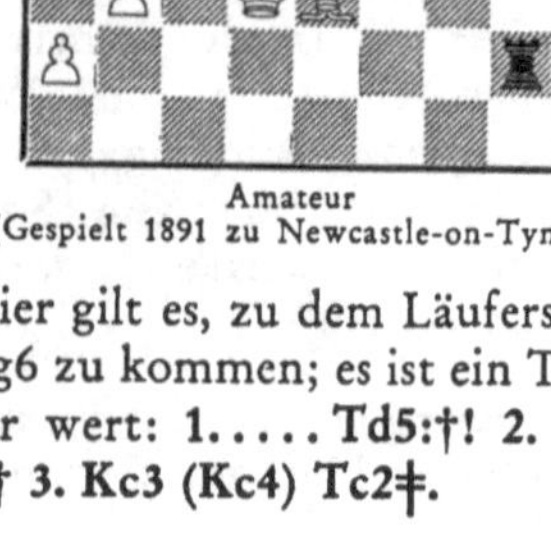

Amateur
(Gespielt 1891 zu Newcastle-on-Tyne)

Hier gilt es, zu dem Läuferschach auf g6 zu kommen; es ist ein Turmopfer wert: **1. . . . . Td5:†! 2. Dd5: Lg6† 3. Kc3 (Kc4) Tc2‡.**

Freilich ist der Spieler nicht gezwungen, mit seinem König solche Gewaltmärsche anzutreten (oder wenn er es ist, muß ein schwerer Fehler die Ursache sein). Aber auch dem daheimgebliebenen König drohen ernste Gefahren, sobald ein feindlicher Turm auf der 2. (bzw. 7.) Reihe erscheint.

Mieses

139

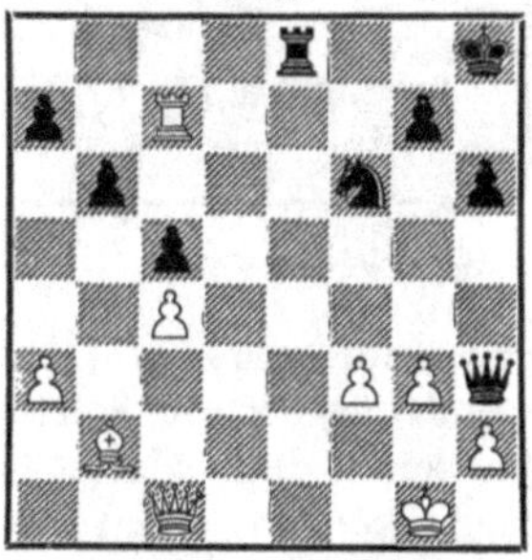

Herland (am Zuge)
(Meisterturnier Bukarest 1908)

Hier sind beide Gegner bestrebt gewesen, auf die 7. (2.) Reihe zu kommen. Weiß ist es mit seinem Turm bereits geglückt, zudem ist er am Zuge. Und das bringt hier die Entscheidung: mit **1. Lf6:!** konnte er seine starke Turmstellung ausnutzen. Nach **1. . . . . gf6:** ist die 7. Reihe völlig offen, das Eingreifen der weißen Dame bringt den Sieg: **2. Db1!** (droht Dh7‡) **f5 3. Db2†** nebst ‡. Läßt Schwarz die Figur auf f6 fahren und spielt **1. . . . . Te2,** um seinen Gegentrumpf auszuspielen, so erzwingt Weiß mit dem hübschen Turmopfer **2. Tc8†! Dc8:** (Kh7 3. Db1† g6 4. Th8‡) **3. Dh6:† Kg8 4. Dg7:** ebenfalls das Matt. Dies alles sah der Führer der Weißen aber nicht, sondern spielte 1. Dd2 und erreichte nun verdientermaßen nur ein Unentschieden. Denn: Was du von der Sekunde ausgeschlagen, bringt keine Ewigkeit dir je zurück.

Tschechower (am Zuge)

140

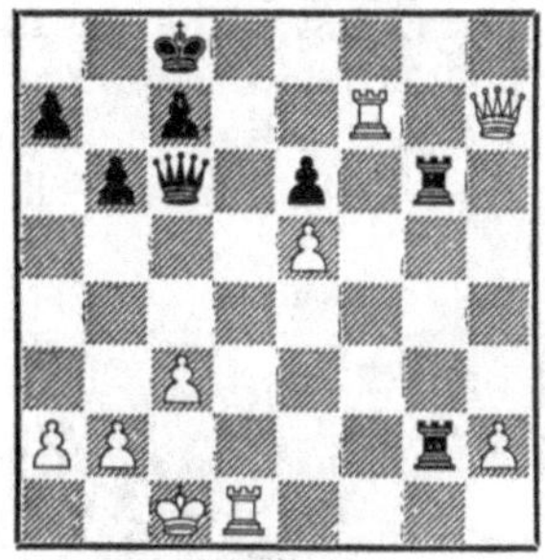

Kortschnoj
(Gespielt in Leningrad 1951)

Ein ähnlicher Fall, jedoch mit dem wesentlichen Unterschied, daß der am Zuge befindliche Partner nicht durchdringt, weil ihm der Gegner mit Schach zuvorkommt. **1. . . . Tb2:!?** Mit der löblichen Absicht 2. Kb2: Tg2†! usw. Indessen: **2. Td8†! Kb7.** Falls 2. . . . . Kd8:, so 3. Tf8†, und Schwarz muß 3. . . . . De8 ziehen. **3. Tc7:†! Dc7: 4. Td7** und Weiß gewinnt. Wer zuerst kommt . . . gewiß; aber wer zuerst Schach bietet, hat doch meist den Haupttrumpf für sich; wenigstens im Endkampf der schweren Figuren.

Thomsen

141

Thorsen (am Zuge)
(Gespielt in Kopenhagen 1953)

Auch das vorstehende Beispiel erhärtet diesen Grundsatz. Weiß kommt zuerst zum Schachbieten und damit zum Mattsetzen: **1. De6† Kh8 2. Th7:†! Kh7: 3. De7†!**, und Schwarz ist verloren, da 3. .... Kg8 an 4. Tg6:† scheitert. Ein elementarer Fall.

K. Richter

142

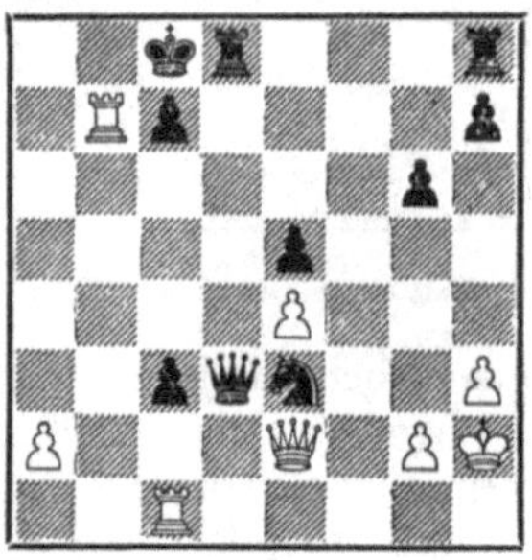

Hahnke (am Zuge)
(Gespielt in Berlin 1931)

Der Turm hängt hier auf der 7. Reihe sozusagen in der Luft, und trotzdem ermöglicht seine starke Position dem Führer der weißen Steine die Rettung aus verzweifelter Lage: **1. T1c3:!**. Droht T3c7:‡, und deswegen ist die De2 nicht zu nehmen. Also hielt sich Schwarz schadlos und nahm den Tc3: **1. .... Dc3:**. Der Turm hat nun aber durch sein Opfer der De2 den Weg gebahnt: **2. Db5!** Deckt den Turm und droht Tb8‡. Schwarz kann sogar noch von Glück sagen, daß ihn nun ein ewiges Schach vor dem drohenden Matt bewahrt. **2. .... c6 3. Da6! Sf1† 4. Kh1! Sg3†**. Unentschieden. Nach g1 mit dem weißen König zu gehen, hat wegen De3† keinen Wert. Ein aufregender Partieschluß und ein neuer Beweis für die nachhaltige Kraft der Turmstellung auf der 7. Reihe!

Riedel

143

Brannath (am Zuge)
(Gespielt in Karlsruhe 1934)

Wenn schon ein Turm auf der 7. Reihe das gegnerische Spiel so belästigen kann, um wieviel mehr Wirkung können dann beide Türme vereint erzielen! Beispiele hierfür sind besonders in Endspielen zu finden, denn im Mittelspiel ist es natürlich schwierig, mit beiden Türmen auf die 2. (7.) Reihe zu gelangen, weil dies der Gegner mit allen Mitteln zu verhindern suchen wird.

In vorstehender Stellung sehen wir Angriff und Gegenangriff, zugleich den Kampf der Dame gegen Turm und Springer.

Weiß setzte den Angriff mit **1. De8** fort, muß also noch einen Vorbereitungszug machen, während Schwarz bereits einen direkten Angriff auf den weißen König unternehmen kann. Das entscheidet. **1. .... Tb3† 2. Kh2.** Nach h4 oder f4 darf der König nicht, denn es folgt Te4‡ (bzw. bei Kh4, Te4†, g4, Th3‡). **2. .... Sg4† 3. Kh1 Th3†! 4. gh3: Th2‡.** Die 2. Reihe blieb also siegreich.

Dr. J. Krug (am Zuge)

144

Plass
(Gespielt in Dresden 1935)

Türme auf offenen Linien! Der weiße König ist nur noch durch den h-Bauern geschützt, und beinahe ginge schon 1..... Th2:† 2. Kh2: Dh6†, doch 3. Dh3 rettet. Die Dame ist aber nicht allein an das Feld h3 gebunden, auch die Diagonale a8 bis h1 muß sie bewachen, um gegen Dc6† gewappnet zu sein. So geht denn der elegante Zug **1..... Th3!** (1. . . . . Tf4: wird mit Dd5 ausreichend pariert.) Weiß gab nach dem Textzug auf, denn auf 2. Dh3: folgt eben Dc6† und auf 2. Dd5 schlägt wirklich das Turmopfer auf h2 durch. Schwarz gewann, weil er mit einem Turm mehr im Gefecht war.

Kunnemann (am Zuge)

145

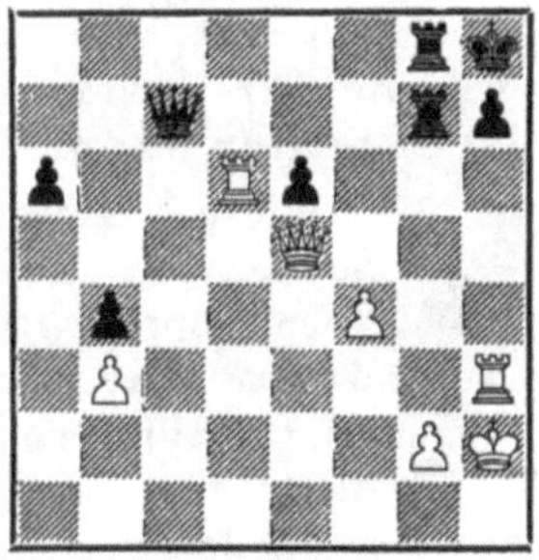

Sternberg
(Gespielt in Berlin 1935)

Eine lustige Angelegenheit, freilich nicht für den Verlierer. Schwarz hat hier seine beiden Türme zwar gut auf der offenen Linie verdoppelt, dabei aber zugelassen, daß die weiße Dame den einen Turm fesselte und damit auch den anderen entwertete. Mit **1..... Dd6:** suchte er, einem plötzlichen Einfall folgend, die Fesselung zu beseitigen. Denn die freigewordenen Türme würden gleich wilden Rossen, denen die Zügel freigegeben werden, den weißen König förmlich überrennen (Tg2:†, Kh1, Tg1†, Kh2, T8g2‡). Aber, zu sehr mit den eigenen Plänen beschäftigt, hatte Schwarz die weiße Gegendrohung außer acht gelassen: **2. Th7:†! Kh7: 3. Dh5‡.** Eine grausame Enttäuschung! —

V e r d r e i f a c h u n g d e r s c h w e r e n F i g u r e n! Ein paar Worte über die Technik, die zu solchen Stellungen führt. Die Schwebestellung h5—g6 hat Weiß schon seit mehreren Zügen so stehen und erst seine schweren Geschütze dahinter auffahren lassen. Dies bringt ihm Vorteil, denn Schwarz kann das Manöver nicht nachmachen, ganz einfach, weil ihm das Terrain dazu fehlt. Tauscht Weiß zu früh auf g6, so kann Schwarz einen Turm abtauschen und dann den anderen opponieren. Tauscht aber Schwarz auf h5, so wird der Druck gegen h7 sofort fühlbar. In dem abgebildeten Schema ist der weiße Aufmarsch gerade beendet, es folgt nun hg6: und auf hg6: das Schach auf h7, zu dem Weiß bei einfacher Verdoppelung der Streitkräfte nicht gekommen wäre. Mindestens erreicht Weiß so den Einmarsch in die 7. Reihe des Gegners.

Orbach

146

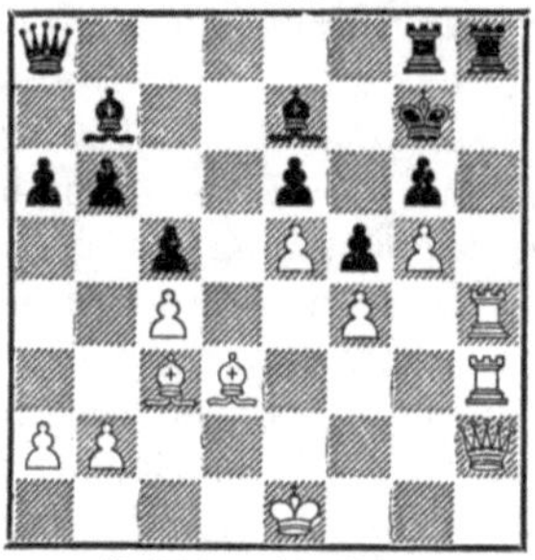

K. Richter (am Zuge)
(Meisterschaft von Deutschland, Duisburg 1929)

Ein Beispiel hierfür aus der Praxis. Weiß verzichtet auf sofortiges Th7†, weil ihm eine stärkere Fortsetzung zu Gebote steht: **1. Lf5:!.** Die Absicht ist, auf ef5: mit 2. Th8: (Th8: 3. e6†) und auf gf5: mit 2. Th7† Th7: 3. Th7:† Kf8 4. Dh6† Ke8 5. De6: fortzufahren. Das Läuferopfer bezweckte also, in dem einen Falle dem Lc3, im anderen Falle der Dh6 den Weg zu bahnen. Schwarz erwiderte **1. .... Th4: 2. Th4: Lf3.** Nun würde auf ef5: Th8! geschehen, während gf5: sich wie oben erledigt. **3. Th7† Kf8 4. Dh6† Ke8 5. Lg6:† Tg6:** (oder Kd8, Te7:, Ke7:, Dh7†) **6. Th8† Kf7 7. Dh7†.** Aufgegeben. Man beachte, wie eng der Raum ist, der Schwarz am Königsflügel zur Verfügung steht, und wie dies schließlich den Ausschlag gibt.

Der „unscheinbare" Bauer

Wer den Bauern nicht ehrt,
ist den Freibauern nicht wert.

An der Geringschätzung des Bauern ist schon so mancher Schachspieler zugrunde gegangen. Wir haben aber bereits des öfteren gesehen, wie wichtig gerade der Bauer im Mittelspiel ist, wie er wertvolle Stützpunkte für die eigenen Figuren im feindlichen Lager schafft, wie er, kühn vordringend, den Gegner auf Schritt und Tritt behindert, wie er, sich selbst zum Opfer bringend, Bresche in die Stellung des Feindes schlägt. Und ein alter Lehrsatz sagt, daß ein Angriff gegen die feindliche Rochadestellung ohne vorangegangenen Bauernsturm nur selten glückt. Nur mit Figuren allein läßt sich ein durchschlagender Erfolg nur schwer erzielen.

In unserer kleinen Übersicht über die Felder, die die Figuren maximal und minimal auf dem Schachbrett beherrschen, haben wir den Bauern nicht mit aufgeführt. Das hat seinen guten Grund. Der Bauer ist nämlich der einzige Stein auf dem Schachbrett, der nicht alle die Felder beherrscht, auf die er ziehen kann.

Wir haben hier eine Stellung, die den typischen Doppelangriff des Bauern (die Gabel) zeigt. Freilich wird sich dieser fast nie in der Grundstellung des Bauern (wie hier) ereignen, denn die gegnerischen Figuren werden im allgemeinen nicht so freundlich sein, sich freiwillig auf so exponierte Stellen zu begeben. Unser Beispiel dient daher nur zur Veranschaulichung. In obiger Stellung hat der Bauer vier Züge: 1. ba3:, 1. bc3:, 1. b3 und 1. b4. Also beherrscht er vier Felder? Keineswegs! Nur zwei, nämlich a3 und c3. Die Felder b3 und b4 beherrscht er nicht, denn ständen dort feindliche Figuren, so könnte er nicht dahin ziehen. Jeder andere Stein im Schachspiel kann ein Feld, auf das er ziehen kann, das aber von einer feindlichen Figur besetzt ist, dadurch erreichen, daß er die Figur schlägt. Nicht so unser Bauer. Noch etwas unterscheidet ihn von den „höheren“ Figuren: für ihn gibt es nur ein Vorwärts, kein Zurück! Deshalb predigen alle Lehrbücher, und mit Recht: Sei mit Bauernzügen vorsichtig! Einen schlechten Zug mit einer Figur kann man zur Not wieder rückgängig machen, nicht aber einen Bauernzug. Der Bauer braucht sich aber nicht zu beschweren, denn mit der Umwandlungsregel ist ihm eine spielentscheidende Chance gegeben.

Der große Augenblick im Leben jedes Bauern: mit b7—b8 zieht er in das „Paradies der letzten Reihe“ ein, wo er sich je nach Wunsch „verwandeln“ kann. Hinter dem Zaunrand stehen die Figuren, die darauf warten müssen, für welche von ihnen sich der Bauersmann entscheidet. Sehr oft wird es ja die Dame sein, denn ihre gewaltige Kraft lockt natürlich am meisten.

Verwandlungs-Kombinationen im Mittelspiel

Ist auch der Vormarsch des Bauern zur 8. (1.) Reihe hauptsächlich ein Kennzeichen des Endspiels, so gibt es doch auch im Mittelspiel genug Kombinationen, die sich auf einen weit vorgerückten Bauern stützen.

N. N.

147

Piotrowski (am Zuge)
(Gespielt in Lemberg 1926)

Mit **1. Dh8†! Kh8: 2. g7† Kg8 3. Lh7†! Kh7: 4. g8D‡** erzwang Weiß den Vormarsch des Bauern und gleichzeitig das Matt. Der Bg6 schützte den schwarzen König zunächst sogar, erst sein Durchstoß zur 8. Reihe legte die entscheidende g-Linie bloß.

N. N.

148

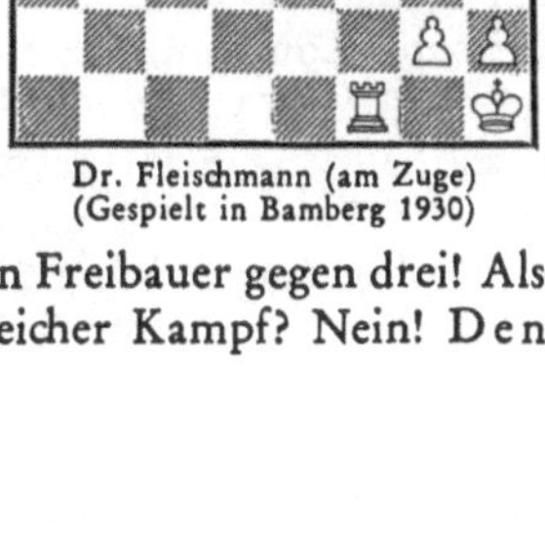

Dr. Fleischmann (am Zuge)
(Gespielt in Bamberg 1930)

Ein Freibauer gegen drei! Also ein ungleicher Kampf? Nein! Denn es kommt nicht auf die Zahl der Freibauern an, sondern auf ihre Wirkung. Und so ist hier der Bauer auf e7 viel kräftiger als seine drei Kollegen von der anderen Fakultät. Obwohl selbst scheinbar schwach und schutzbedürftig, ermöglicht er dem Weißen die entscheidende Kombination: **1. Tf8†! Tf8: 2. Dh8†!** Weglockung des Königs von der Deckung seines Turmes. **2..... Kh8:.** Oder 2..... Kf7 3. ef8: D†, und mit zwei Damen gegen eine gewinnt Weiß leicht. **3. ef8: D‡.** Sehr effektvoll!

N. N.

149

J. Kotrc (am Zuge)
(Gespielt in Wien 1907)

Auch an diesem Partiebeispiel sieht man, was für schöne Wirkungen sich mit einem zur Umwandlung bereitstehenden Bauern erzielen lassen. Vorstehende Stellung ist komplizierter, aber womöglich in ihrem Ablauf noch überraschender als die vorhergehenden. **1. Te8† Ka7.** Auf 1..... Kc7 setzt Weiß die Jagd mit 2. Dc8† erfolgreich fort. Aber auch auf a7 ist der König nicht in Sicherheit, obwohl es so scheint. **2. Ta8†!** Einen solchen Zug heißt es finden — oder die Partie verlieren, denn Weiß ist selbst stark bedroht. **2..... Kb6.** Falls 2..... Ka8:?, so 3. Dc8† nebst 4. Db7:‡. Der Ba6 als Stützpunkt! — Wie aber soll es nun weitergehen? Ein Schach hat Weiß nicht mehr ... oder doch? **3. Da5†!** Idee: Verwandlung des a-Bauern, gleichzeitig Öffnung der a-Linie für den Turm. **3..... Ka5: 4. ab7:† Kb6 5. b8D† Kc5 6.Ta5†.** Aufgegeben. Fast eine Hexerei! Freilich kommt es nicht oft vor, daß alles so schön klappt wie hier.

N. N.

150

K. Richter (am Zuge)
(Aus einer Turmvorgabe-Partie, Berlin 1930)

Zur Abwechslung etwas Humor. Weiß spielte **1. Sf5† Kf6 2. e7.** Er ging also daran, seinen Freibauern zu verwerten, denn etwas Äquivalent mußte er für den vorgegebenen Turm doch haben! Der Führer der Schwarzen überlegte lange; plötzlich kam ihm ein Gedanke: **2..... Lf5:** „Wenn Sie sich jetzt eine Dame machen“, sagte er triumphierend, „setze ich Sie mit Th2 matt!“ — „Das ist richtig“, erwiderte Weiß, „aber ich mache mir einen Springer, und nun sind Sie matt.“ Das war natürlich etwas für die Kiebitze! — Hier haben wir also einen Fall, bei dem die Umwandlung in einen Springer stärker war als in eine Dame.

Ein weiteres Beispiel bringt uns Diagramm 151.

Windfuhr

151

Weber (am Zuge)
(Mannschaftskampf Solingen-Wuppertal 1935)

In der Hitze des Kampfes machte sich Weiß mit 1. d7—d8 eine Dame. Schwarz eroberte nun mit 1. . . . . Db5:† 2. K bel. De8: Turm und Läufer des Gegners; das Damenendspiel blieb remis. Weiß mußte aber einen Springer wählen; nach **1. d8S†! Kf6 2. Te6†** hätte er die feindliche Dame und dann mit seiner Mehrfigur auch die Partie gewonnen.

Villegas

152

Capablanca (am Zuge)
(Aus einem Turnier zu Buenos Aires 1914)

Wer einen weitvorgeschobenen Freibauern hat, kann mitunter ruhig die Dame opfern; er bekommt sie ja gleich durch Bauernumwandlung zurück. Hier zum Beispiel setzte Weiß mit **1. De5† f6 2. Dd6:! Dd6: 3. c7** fort. Der Gegner kann c7—c8D auf keine Weise hindern, behält also einen Turm weniger.

Golombek

153

Barcza (am Zuge)
(Internat. Turnier Bukarest 1953)

1. Tg7†? Kh8? 2. Tb7. Schwarz gab auf. Wer dagegen solche Umwandlungskombinationen wie eben beherrscht, findet ohne weiteres (1. Tg7†?) 1. . . . . Dg7:!! 2. hg7: b2! mit Gewinn für Schwarz.

Perlis

154

Schlechter (vor dem 5. Zuge)
(Meisterturnier Karlsbad 1911)

Diese Stellung entstand nach den Zügen **1. d4 d5 2. c4 c6 3. Sf3 Lf5 4. Db3 Db6.** Von einem „Freibauern" ist hier weit und breit nichts zu sehen. Und doch! **5. cd5: Db3:.** Kein guter Zug. **6. ab3: Lb1:.** Dazu sieht sich Schwarz schon genötigt. Nach 6. . . . . cd5: 7. Sc3 e6 8. Sb5 ist er ebenfalls in Schwierigkeiten. **7. dc6:!** Der Freibauer im Werden! **7. . . . . Sc6:.** Wollte Schwarz jetzt nämlich den Lb1 retten, also beispielsweise Le4 ziehen, so käme das verblüffende (7. . . . . Le4) 8. Ta7:!! Ta7: 9. c7!, und der Bauer geht zur Dame. Ein origineller Witz! **8. Tb1:.** Weiß hat einen Bauern gewonnen.

Bogoljubow (am Zuge)

155

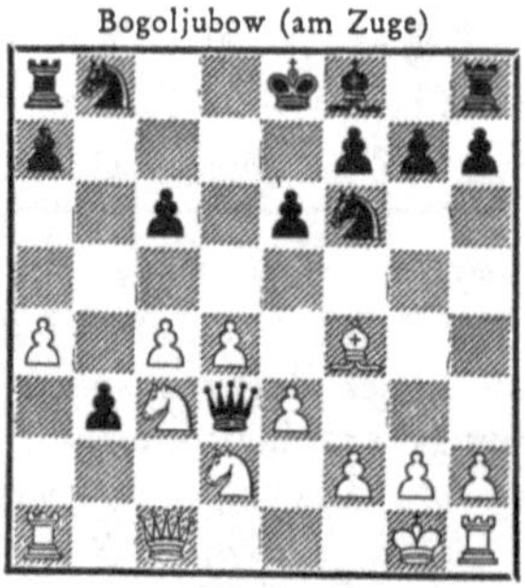

Nürnberg
(Aus einer Simultanvorstellung 1933)

Hier ist der Freibauer schon weit ins feindliche Lager eingedrungen; sein weiteres Vorgehen bedroht Weiß nun ständig. Zunächst kam **1. . . . . Lb4 2. Scb1 Se4!.** Nicht um abzutauschen, wie Weiß wohl geglaubt haben mag, denn er nahm **3. Se4:,** sondern mit einer viel giftigeren Pointe: **3. . . . . b2!.** Der Freibauer macht das Rennen. Wegen der Mattdrohung auf der 1. Reihe darf ihn Weiß nicht schlagen, und so ist er gegen ba1:D machtlos.

(156) Wie man sieht, eine Endspielstellung, aber doch mit mittelspielartigen Kombinationen. Weiß schloß aus dem Aufbau seines Gegners, daß dieser mit Lg4:, hg4:, Tg4: ein aussichtsreiches Opfer plante, denn we-

N. N.

156

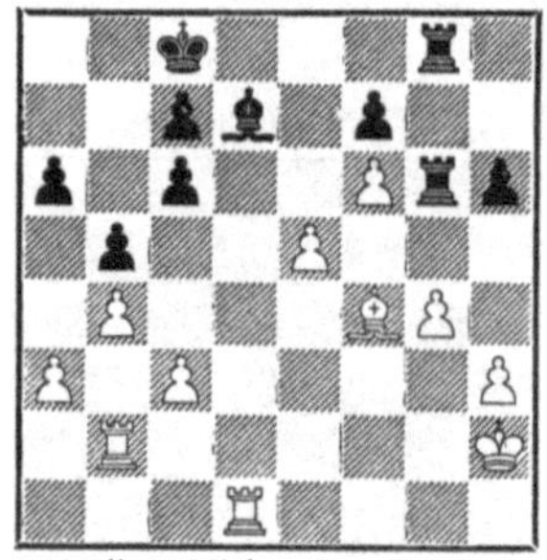

Albert Nielsen (am Zuge)
(Gespielt in Dänemark 1930)

gen der Mattdrohung auf h4 wird er die geopferte Figur zurückgewinnen. Trotzdem ließ Weiß mit **1. Tbd2!** diese Wendung zu, denn er hatte eine Gegenkombination ausgedacht, die in einer Bauernverwandlung gipfelte. Es kam also **1. . . . . Lg4: 2. hg4: Tg4: 3. Lg3!.** Hierdurch gewinnt Weiß Zeit; um die Mattdrohung wieder herzustellen, muß Schwarz einen Zug verlieren. **3. . . . . Tg3: 4. e6 T3g5.** Auf fe6: gewinnt f7. **5. Td8†!.** Beseitigung der Mattdrohung unter Turmopfer. **5. . . . . Td8: 6. Td8:† Kd8: 7. ef7:!.** Die Pointe. Der Bauer ist nicht mehr aufzuhalten. Eine lehrreiche Stellung, die wir uns merken wollen.

Sultan Khan

157

Yates (am Zuge)
(Meisterturnier Hastings 1932)

Der Ta8 ist das einzige Hindernis, das den Freibauern a7 von dem Ziel seiner Sehnsucht trennt. Weiß konnte es sofort mit **1. Td8† Td8: 2. Sd8:** beseitigen; Schwarz muß den Bauern mit **2. .... Ld5** aufhalten, aber nach **3. Se6!** ist er mit seinem Latein zu Ende. Lg7 ist angegriffen, Ld5 durch Sc7† bedroht. In Zeitnot übersah Weiß aber diesen klaren Gewinn, zog 1. Se4 und buchte auch damit schließlich den Punkt. Aber wie oft bedeutet eine solche Unterlassung den ausgelassenen Gewinn oder sogar noch Schlimmeres!

Sandifort

158

Barendregt (am Zuge)
(Gespielt in Amsterdam 1947)

Ein drolliges Stellungsbild (die letzten Züge waren De6—g6† Lh5 ×g6). Schwarz ist augenblicklich mit zwei Türmen, Läufer und Springer im Vorteil, und sollte doch verlieren! Und das alles dank der Kraft des umwandelnden Bauern. **1. fg6:† Kg6: 2. e8D† Kh7 3. De4† Kh8 4. Dc2:** mit besserem Endspiel für Weiß, das allerdings nach späteren Fehlern nur remis wurde.

Der „Pfahl im Fleische"

Wenn ein Bauer sich so oder ähnlich in die feindliche Königsstellung einnistet, spricht die Schachsprache vom „Pfahl im Fleische" (des Gegners natürlich). Der Bauer lähmt die Bewegungskraft der feindlichen Figuren ungemein, denn diese müssen nicht nur darauf achten, daß die gegnerische Dame nicht nach h6 gelangt, sondern auch die 8. Reihe scharf bewachen. Der Bauer ist eine wertvolle Unterstützung seiner Figuren, ja, man kann sogar sagen, ein weit vorgerückter Bauer wirkt fast wie eine Figur. Zur Erläuterung dieser Behauptung folgen einige Stellungsbilder aus der Praxis.

N. N.

159

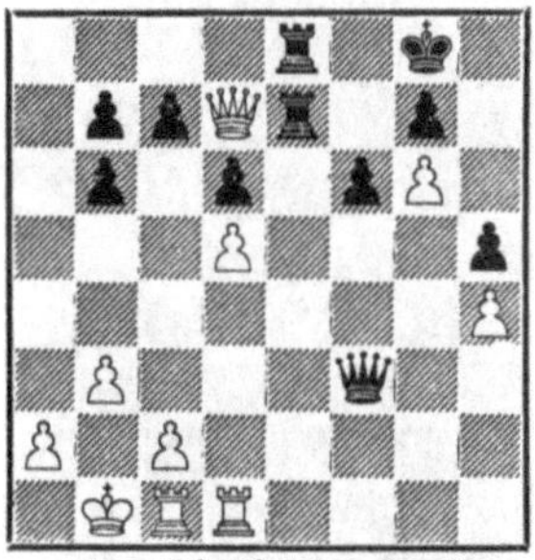

Ernst Schröder (am Zuge)
(Gespielt 1930 in Berlin)

Der Bg6 — der Pfahl im Fleische! Weiß erkannte klar seine Stärke und zog **1. Te1!!.** Schwarz hat nichts Besseres, als das Opfer anzunehmen: **1. .... Te1:** (Td7:?, Te8:‡) **2. Df7†! Kh8 3. Te1: Te1:† 4. Kb2.** Trotz Mehrbesitz eines ganzen Turmes kann Schwarz gegen das drohende Matt nichts mehr erfinden und auf den verzweifelten Versuch 4. .... Tb1† antwortet Weiß ruhig 5. Ka3.

Auch in Nr. 160 ermöglicht der Bg6 ein eindrucksvolles Matt: **1. Kg2!**

K.

160 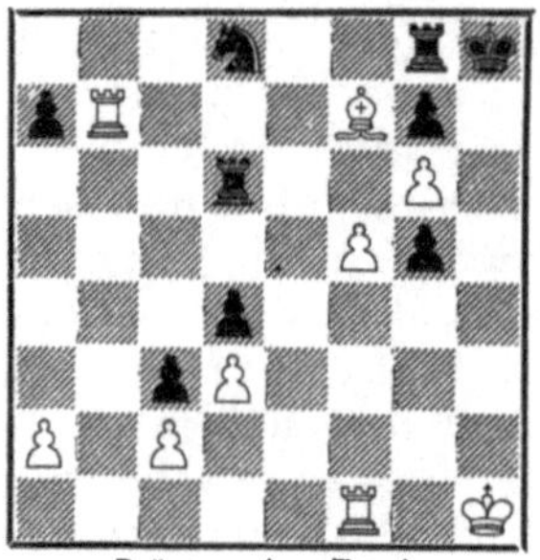

Brüntrup (am Zuge)
(Gespielt in Berlin 1954)

(Droht Th1‡) **1. . . . . Sf7: 2. Th1†!** Bei 2. ef7: Tf8 3. Th1† hat Schwarz Th6. **2. . . . . Sh6 3. Th6:†! gh6: 4. Th7‡.**

Aufman (am Zuge)

161 

Tschikowani
(Mannschaftskampf, UdSSR 1952)

In dieser Stellung unterstützt der „Pfahl im Fleische" auf f6 den weißen Angriff auf der g- und h-Linie in entscheidender Weise — obwohl Weiß eine leichte Figur opfern mußte, um diese Stellung zu erreichen. Es droht einfach Te1×e6 nebst Damenmatt auf g7; spielt Schwarz aber 1. . . . . Tg8, so hat er seinem König das letzte Fluchtfeld verstellt und Weiß setzt mit 2. Th7:†! Kh7: 3. Dh5 matt. Aber vielleicht kann Schwarz noch 1. . . . . Dd7 versuchen, weil dann nach 2. Te6:? fe6: das Feld g7 gedeckt wäre!? Nein, denn Weiß hat noch mehr Pfeile im Köcher; er antwortet auf 1. . . . . Dd7 einfach 2. Te5! mit der Absicht, den h-Turm auf h7 zu opfern und mit dem anderen Turm auf h5 mattzusetzen — wieder ein Matt der schweren Figuren auf zwei offenen Linien. In diesem Dilemma hatte Schwarz noch einen interessanten Einfall: **1. . . . . Sg5!?**, womit er alle drei weißen Figuren bedrohte. Es ist klar, daß 2. Te8:† De8: für Weiß nicht in Frage kommt, denn nun droht Schwarz selbst Matt auf e1. Auch 2. Dg5: Te1:† 3. Kf2 Dg8 zerstört alle weißen Mattgedanken. Aber der hübsche Zug **2. Th7:†!** erzwingt das Matt. Der Sg5 kann nicht gleichzeitig Brustwehr gegen g7 und Schutz für h7 sein. Schwarz gab auf; 2. . . . . Sh7: führt zu 3. Dg7 matt, und 2. . . . . Kh7: zu 3. Dh5†! Kg8 4. Dg5:† und 5. Dg7 matt.

Pfeffer

162 

Pertisch (am Zuge)
(Gespielt in Gaggenau 1953)

Auch wenn der König schon etwas außerhalb der Gefahrenzone des „Pfahlbauern" steht wie hier, kann dieser sich trotzdem siegreich zur Geltung bringen: **1. Th7†! Kh7: 2. Db7†! Kh6** (Auf Kh8 folgt

Dg7‡) **3. Dg7† Kg5 4. f7!** und Weiß gewinnt. f7—f8D entscheidet in jedem Falle.

Weiß spielte jedoch 1. Dd2†? g5 2. Dd5 De5†, und die Partie endete Remis — in Anbetracht seiner überlegenen Stellung ein enttäuschendes Ergebnis. Aber daran war nicht *Caissa* Schuld . . .

Eliskases (am Zuge)

163

Cabral
(Gespielt in Mar del Plata 1949)

In Nr. 163 ist der bewußte Bauer (der schwarze h-Bauer) erst im Vorrücken, aber Weiß muß ständig damit rechnen, daß er sich auf h3 als „Pfahl im Fleische" etabliert. Es folgte **1. . . . . Dh5 2. Db2?.** Weiß sollte das Feld d1 im Auge behalten, also etwa 2. Dd2 ziehen; auf 2. . . . . De5 könnte er sich weiter mit 3. Dc1! verteidigen. Auf den fehlerhaften Textzug erfüllt der Bauer seine Aufgabe. **2. . . . . h3†! 3. Kf1 Tf7!** Demaskierung mit Doppelangriff. Weiß gab auf (ihm droht Dd1‡ bzw. Ta7:).

B. Verstärkung und Schwächung der Figurenkraft

In seiner Kraft unerreicht ist das Doppelabzugschach; den Nullpunkt ihrer Wirkung hat eine Figur erreicht, die sich in „echter" Fesselung befindet. Dazwischen gibt es nun eine ganze Skala von Möglichkeiten, eine Figur zu schwächen oder in ihrer Wirkung zu erhöhen. Alle Arten von Hemmungen, Lähmungen und Fesselungen, aber auch alle Arten von Abzugsangriffen gehören hierher. Wir haben ja schon manches im bisherigen Teil des Buches kennengelernt, aber dieses äußerst wichtige Gebiet erfordert eine zusammenfassende Betrachtung. Wir beginnen mit seiner negativen Seite, mit Stellungen, in denen die Figur ihre Wirksamkeit ganz oder teilweise eingebüßt hat, oder aber sich auf exponiertem Posten befindet und so leicht eine Beute des Feindes wird. Eine solche Figur hat auch an Kraft verloren, denn sie fällt den übrigen zur Last, die ständig auf sie aufpassen müssen.

Fesselungen, echt, fast echt, unecht

echt

fast echt

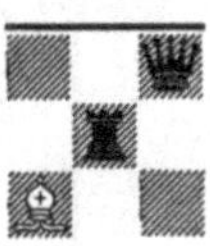

unecht

Bei der e c h t e n Fesselung kann die gefesselte Figur überhaupt nicht ziehen, bei der f a s t e c h t e n Fesselung kann sie höchstens so ziehen, daß sie den fesselnden Stein schlägt; nur bei der u n e c h t e n F e s s e l u n g kann die gefesselte Figur jederzeit „abziehen". Die Dame kann auf keine Weise „echt" gefesselt werden,

Springer und Bauer lassen sich wohl fesseln, können aber selbst als Fesselungsfigur nicht verwendet werden. Der Springer liebt zudem klare Unterschiede: entweder kann er echt oder unecht gefesselt werden, aber niemals fast echt! Im übrigen handelt es sich bei echten und fast echten Fesselungen immer darum, daß die gefesselte Figur mit ihrem Leib den König, und bei unechten Fesselungen immer darum, daß eine schwächere Figur mit ihrem Leib eine stärkere deckt. Bei letzteren muß man stets daran denken, daß die gefesselte Figur auch plötzlich abziehen kann, und nicht etwa meinen: So, diese Figur ist gefesselt, die darf nicht ziehen, nach dem bekannten Morgensternschen Wort:

Weil, so schließt er messerscharf,
nicht sein kann, was nicht sein darf.

Im Schachspiel verfängt diese Logik natürlich nicht, und plötzlich zieht eine scheinbar „gefesselte" Figur mit entscheidender Wirkung ab. Solche Reinfälle gehören zum täglichen Brot des Schachspielers.

Lenz

164

Heims (am Zuge)
(Gespielt im Magdeburger Schachverein 1915)

Weiß verließ sich darauf, daß Sf6 gefesselt ist, und zog **1. cd5: ed5: 2. Sd5:?** Aber: **2. .... Sd5:!** Er spottet der Fesselung! Denn nach **3. Ld8:** erobert Schwarz mit **3. .... Lb4†** die Dame zurück und hat nach **4. Dd2 Ld2:† 5. Kd2: Kd8:** eine Figur mehr. — Nach diesem „Unglücksfall" wollen wir nun aber auch die Lichtseiten der Fesselung kennenlernen.

Krummhauer

165

Lexandrowitsch (am Zuge)
(Gespielt in Berlin 1951)

Die Sache wäre einfach, wenn der Se5 nicht wäre. Dann nämlich könnte in Ausnützung der Fesselung auf der e-Linie Df5:! geschehen. Aber dies erkennen heißt die Kombination finden: **1. Sg6 Df7 2. Se7†! De7: 3. Df5:!**; Weiß hat die Qualität ge-

Englund (am Zuge)

166

Breyer
(Meisterturnier Scheveningen 1913)

wonnen. Ein kleiner Zaubertrick — und der Se5 verschwand!

(166) Schwarz steht sehr schlecht; er ist mangelhaft entwickelt, außerdem gefesselt und zu allem Überfluß noch starken Drohungen ausgesetzt. Da nützte auch der Entlastungszug **1. . . . . Lc6** nicht viel; Weiß erzwang darauf ein dreizügiges Matt: **2. De7:†! De7:.** Jetzt ist die schwarze Dame gefesselt und für die Deckung der 8. Reihe unbrauchbar. **3. Td8† Le8 4. Te8:‡.** Ein für die Kraft der Fesselung bemerkenswertes Beispiel.

K. Richter

167 

Engels (am Zuge)
(Meisterturnier Nauheim 1935)

Schwarz hatte soeben leichtsinnig d6—d5? gezogen und glaubte durch die Fesselungsdrohung Lc5 Vorteil zu erlangen. Weiß achtete aber die Fesselung nicht, spielte **1. ed5:! Lc5 2. dc6:** und „fesselte" den Gegner nun selbst auf der d-Linie. Obwohl Weiß nur zwei Figuren für die Dame erhält, wird sein Angriff so stark, daß Schwarz nahezu hilflos ist. **2. . . . . Dc8 3. cd7: Ld4:† 4. Td4: Td7: 5. Sd5! Kh8?** (Td5: mußte wenigstens versucht werden) **6. Sf6! Tf7** (Td4:, Te7!) **7. Sg5!!.** Unaufhaltsam fluten die feindlichen Truppen heran. **7. . . . . Tf6: 8. Te7!** mit Gewinnstellung. Man beachte bei all den Glanzzügen von Weiß die stille Rolle des Lh6, der das unerschütterliche Rückgrat des weißen Angriffs bildete.

Thynne

168 

Abrahams (am Zuge)
(Meisterschaft von Liverpool 1932)

Die Fesselung des Bf7 bei kurzer Rochade bietet im Mittelspiel oft Gelegenheit zum Kombinieren. In obigem Bild opferte Weiß mit **1. Dg8†!** die Dame, um auf Kg8: mit 2. Sg6! die Fesselung auszubeuten und auf h8 undeckbar Matt zu drohen. Schwarz erkannte aber die Gefahr und versuchte mit **1. . . . . Ke7** zu entkommen, wurde jedoch von Weiß energisch verfolgt: **2. Df7:† Kd8.** Etwas besser war Kd6. **3. Sg6 Db2:.** Statt mit Dd6 wenigstens in der Nähe des Königs zu bleiben, verspeist die Dame einen unschuldigen Bauern am anderen Ende des Brettes! **4. Td1† Ld7 5. De8:†!.** Ein Knalleffekt zum Schluß. Nach Ke8: setzt Th8 sofort matt, und auf Kc7 genügt De7 zum Gewinn.

(169) Unter dem Schutz des Lc4, der den Bf7 fesselt, dringt die weiße Dame in das

Schmitt

169

Mikenas (am Zuge)
(Meisterturnier Brünn 1931)

Herz der schwarzen Rochadestellung ein. **1. Dg6 Sf6 2. Tc8:!**. Beseitigt die Deckung des Feldes f5. **2. .... Tfc8:**. Bei Tac8: gewinnt Sf5 sofort. **3. Sf5 Df8 4. Sh6:†**. Auch Bg7 ist gefesselt! **4. .... Kh8 5. Sf7:† Kg8 6. Se5† Kh8 7. Dg5 Dc5 8. Dh4†**. Aufgegeben.

Erdelyi (Rumänien)

170

Bogoljubow (am Zuge)
(Länderkämpfe des Weltschachbundes, Prag 1931)

Durch Herbeiführung und Ausnutzung von Fesselungen kam Weiß hier zu einem gewonnenen Endspiel. **1. Sf7:!**. Wieder der Fesselungsläufer c4! **1. .... Tf7: 2. De6!**. Echte Fesselung auf f7, unechte auf d7!. Weiß hat so starke Drohungen, daß Schwarz auf e6 schlagen muß. Dadurch erhält Weiß die geopferte Figur zurück und lenkt in ein gewonnenes Endspiel ein. **2. .... Le6: 3. Td8:† Tf8 4. Le6:† Kh8 5. Td7.** 7. Reihe für den Turm, nun, das kennen wir schon, das ist uns nichts Neues. **5. .... Ta8 6. Tc7 c5 7. Ld5** und Schwarz gab den hoffnungslosen Kampf auf.

Hans Müller (Wien)

171

Rogmann (Bochum) (am Zuge)
(Wettkampfpartie, gespielt 1933)

Weiß ist völlig entwickelt, Schwarz steht noch mit „ungezogenem“ Damenflügel da. Das kann nicht gut gehen! Noch einmal das Fesselungsmotiv Lc4/Bf7. **1. The1!** Droht eine bekannte Wendung: 2. Df7:†! Tf7: 3. Te8‡. Schwarz parierte mit **1. .... g6,** aber Weiß zog nun umgekehrt erst **2. Te8!**, um auf Te8: mit Df7:† zu gewinnen. Schwarz gab daher auf. Mehr Widerstand hätte statt 1. .... g6 1. .... Ld7 geleistet.

Nicht immer sind solche Kombinationen aber richtig! In 172 würde Weiß böse hereinfallen, wenn er mit 1. Df2: etwa auf 1. .... Lg3 2. Df7:†! Tf7: 3. Te8‡ rechnete. Denn auf **1. Df2:?** käme überraschend **1. .... Lh2†!**, ein anscheinend sinnloses Zwischenschach.

Marshall

172

Capablanca (am Zuge)
(Meisterturnier New York 1918)

Aber nach **2. Kf1** (sonst hängt die Df2) **Lg3! 3. Df7:† Tf7:†** wird „wohl jedem klar, daß doch Sinn in der Sache war". Denn der Turm schlägt mit Schach wieder!

Freilich ließ sich *Capablanca* nicht so überlisten, sondern zog 1. Te2! und gewann schließlich die Partie.

N. N.

173

E. Chatard (am Zuge)
(Gespielt 1906 in Paris)

Schwarz droht Le2: nebst Tc2, Fesselung der weißen Dame! Weiß tat so, als ob er nichts merkte und spielte **1. Tg1.** Schwarz führte nun seinen (wie wir gleich sehen werden, falschen) Plan aus und zog **1. .... Le2: 2. De2: Tc2** Fesselung, aber: **3. Tc1!!** Gegenfesselung! Schwarz verliert den Tc2, denn Tc1: geht ja nicht wegen Da2:. Der Tc1 ist also „über Kreuz" gefesselt, einmal fast echt, das andere Mal unecht. Solche Fesselungen haben es in sich!

Jacobsen

174

H. Olsen (am Zuge)
(Gespielt in Aarhus 1953)

Die weiße Dame ist angegriffen; allein Weiß sah ein Mattbild auf d8 und zog **1. Ted5:?** Schwarz jedoch ließ sich nicht verblüffen (1. .... Lc6:? 2. Td8:‡), sondern antwortete kaltblütig **1. .... Dg2:†!! 2. Kg2:** und nun erst **2. .... Lc6:**, denn jetzt ist der Td5 gefesselt und geht verloren. Auch hier übertrumpften sich die Partner mit Fesselung (bzw. Bindung) und Gegenfesselung.

Capablanca (am Zuge)

175

Marshall
(Meisterturnier New York 1915)

Schwarz stellte seinem Gegner mit **1. .... Sh5** eine Falle. Weiß kann nämlich mit **2. Dh6 g6 3. Dh5:** eine Figur gewinnen, weil Bg6 durch Tg1 gefesselt ist. Aber andererseits ist Tg1 dadurch selbst „gefesselt“, er darf seinen Standort nicht verlassen, ohne die Dame preiszugeben. Diesen Umstand macht sich Schwarz mit **3. .... Dc1:!** zunutze, womit er so oder so die Qualität gewinnt.

Wenn es noch Beweise bedarf, wie „unecht“ die unechte Fesselung mitunter sein kann, so seien hier noch zwei angefügt.

Duras

176

Fahrni (am Zuge)
(Meisterturnier Mannheim 1914)

Mit **1. Tg7:!** schüttelte Weiß die Fesselung gewaltsam ab; er konnte das, denn nach **1. .... Df2:** steht ihm mit **2. Tg8† Ke7 3. Sd5:** ein hübsches Matt zur Verfügung.

Hier und im nachfolgenden Schlußspiel versagte die Fesselung, weil die gefesselte Figur mit starkem Angriff abziehen konnte.

(177) Weiß glaubte, nach **1. .... Se4** den Bd4 gefahrlos schlagen zu können, da eine der beiden ihn deckenden Figuren auf der c-Linie gefesselt ist, weil sie gegen Dc8:, Tc8:, Tc8:† nebst Matt schützen muß. Er

Ahues (am Zuge)

177

Blümich
(Meisterschaft von Deutschland, Duisburg 1929)

hat dabei aber den schwarzen Gegenangriff nicht berücksichtigt. Nach **2. Sd4: Ld4: 3. Ld4:** kam doch **3. .... Sd4:!**, denn auf **4. Dc8:** wird nicht Schwarz, sondern Weiß matt: **4. .... Se2:† 5. Kh1 Sf2:‡**, oder **5. Kf1 Df2:‡**. —

Aber, lieber Schachfreund, lassen Sie sich bitte durch unsere letzten Beispiele nicht etwa beeinflussen, die Fesselungen zu unterschätzen! Die Mehrzahl der Fesselungen ist nicht so ohne weiteres zu zerreißen. Bemühen wir uns jedoch in der Partie, möglichst jede Fesselung zu vermeiden oder eine gefesselte Figur so schnell als möglich zu „entfesseln‘. Eine der häufigsten Fesselungen ist die hier wieder-

gegebene; wird der gefesselte Springer noch ein zweites Mal angegriffen, so droht Aufreißung des schwarzen Königsflügels. Am einfachsten wird der Springer entfesselt, indem

Schwarz seinen Läufer nach e7 zieht. Mit dem anderen Springer nach d7 zu gehen, vermeidet zwar die Aufreißung, hebt aber nicht die Fesselung auf. Durch h6 und, auf etwa Lh4, g5 kann zwar der fesselnde Läufer abgedrängt werden; doch bedeutet dies in jedem Falle eine bedenkliche Schwächung der Rochadestellung.

Daß auch bei dieser Fesselung überraschende „Entfesselungskünste" möglich sind, dazu vergleiche unser Diagramm Nr. 42.

Niemand kann zween Herren dienen

Auch eine Schachfigur nicht! Dieser Läufer z. B. kann zwar mit Leichtigkeit einen Springer schützen,

aber nicht, wie in dem zweiten Bild, deren zwei.

Denn schlägt der eine schwarze Turm einen der Springer, so muß der Läufer, wenn er wiedernimmt, den anderen Springer fahren lassen und Schwarz gewinnt zwei Springer für einen Turm. Auf diesem sehr einfachen Prinzip beruht eine große Anzahl der Kombinationen.

Mühlbach

178

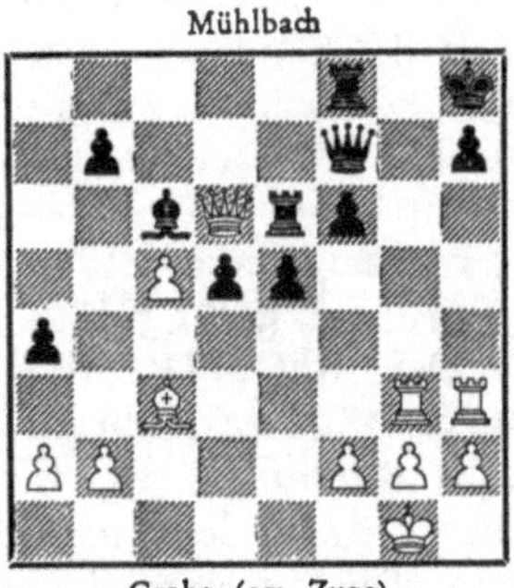

Grohe (am Zuge)
(Gespielt in Mannheim 1935)

Die Dd6 ist angegriffen; sie ist verloren, denn flüchten kann sie nicht. Aber Weiß hat eine andere Rettung; er sah, daß die schwarze Dame d r e i Steine zu bewachen hat: Te6, Tf8 und Bh7. Das ist natürlich in dieser Stellung zuviel verlangt. Mit **1. Th7:†!** nutzte Weiß die Überbelastung der schwarzen Dame aus; **1. .... Kh7:** ist erzwungen. Nun aber bietet der andere weiße Turm auf der dritten Reihe ständig Schach, dem sich der schwarze König nicht entziehen kann.

Helling

179

Grünfeld (am Zuge)
(Jubiläumsturnier der Berliner Schachgesellschaft, Berlin 1928)

Auch hier ein ähnlich einfacher Fall: Be7 h a t m i t d e r D e c k u n g d e s S d 6 s c h o n g e n u g z u t u n, er kann es daher nicht übernehmen, auch noch Feld f6 zu kontrollieren. Mit 1. f6! gewann Weiß eine Figur: Lf6: 2. Ld6:!, oder Lh6 2. fe7: nebst Ld6:.

Nicht immer braucht also ein Stein nur durch Deckung von Fi-

Gutsche (am Zuge)

180 

N. N.
(Gespielt in Berlin 1928)

guren überbeansprucht zu sein; er kann auch zugleich die sehr oft unlösbare Aufgabe erhalten, eine Figur und ein Feld gleichzeitig zu überwachen. So ist es auch hier; Td1 soll Ld5, aber auch das Feld e1 beschirmen. Nach **1. .... Sd4!** muß er seine Ohnmacht eingestehen. Weiß verliert eine Figur, wie er auch spielen mag. So nebenbei sei darauf aufmerksam gemacht, daß es eigentlich der Bh3 ist, der den Tag für Schwarz entscheidet.

Brüchner

181 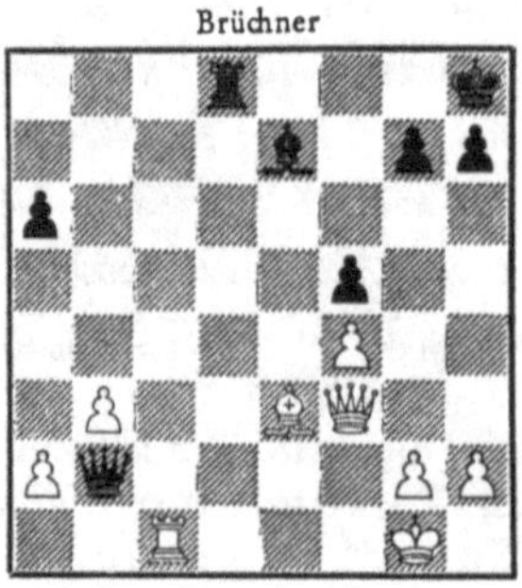

Kretschmer (am Zuge)
(Gespielt in Zittau 1949)

In dieser Stellung soll der Le3 den Tc1 und außerdem die Diagonale a7—g1 bewachen; das geht nach **1. Df2?** über seine Kräfte, zumal die schützende weiße Dame abgelenkt werden kann: **1. .... Dc1:†! 2. Lc1: Td1† 3. Df1 Lc5†.** Weiß gab auf. Da auch auf 1. Db7? eine glänzende Antwort möglich war (Lc5!!), hätte Weiß in der Bildstellung die unglückliche Bindung des Tc1 etwa mit 1. Tf1 aufheben sollen.

Amateur

182 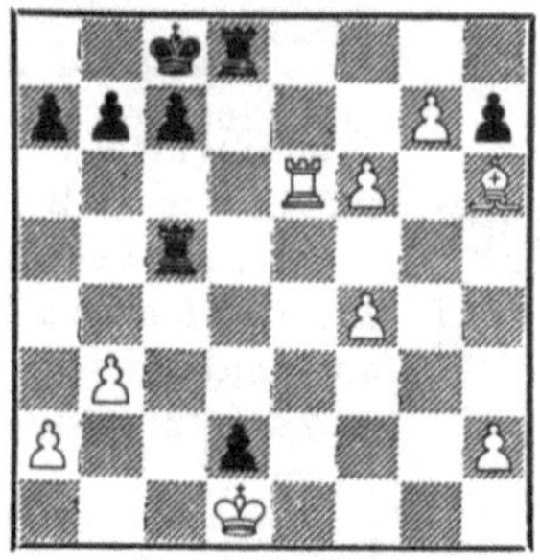

Torre (am Zuge)
(Aus einer Simultanvorstellung New York 1924)

Weiß gab hier die Partie auf, weil er glaubte, gegen Tc1† nebst d1 D† usw. hilflos zu sein. Er hatte nicht erkannt, daß Td8 einer zweifachen Bindung unterlag: g7—g8D zu verhindern und Bd2 zu schützen. Mit **1. Td6!!** hätte Weiß den Turm befragen können, was er zu tun gedächte. Nach **1. .... cd6:** gewinnen die weißen Bauern (f7 usw. — d2 ist ja jetzt ohne Deckung!), und auf **1. .... Td6: 2. g8D† Kd7 3. Df7† Kc6 4. De8† Kb6 5. De3! Kc6** (Tf6: b4) **6. Dc5:†** nebst f7 bleibt Weiß ebenfalls siegreich.

Nun wird der lernende Schachfreund vielleicht meinen, das Schachspiel sei zu schwer, wenn schon ein so großer Meister wie *Torre* eine solche Wendung übersieht. Aber erstens handelt es sich hier um ein Simultanspiel, bei dem natürlich die Fehlerquellen sich vervielfachen, und zweitens kann so etwas jeder sehen — oder übersehen, ganz wie es *Caissa* beliebt.

Hölzl

183 

Eliskases (am Zuge)
(Gespielt 1931 in Österreich)

Auch in dieser Stellung sind schwarze Figuren überlastet, aber hier machte Weiß auch Gebrauch davon! Die Dd4 muß den Td8, daneben das Feld f6 (gegen Df6†) unter Bewachung halten. Und der Td8 ist an die 8. Reihe gebunden (sonst Df8‡). So findet der an sich teuflische Zug von Weiß **1. Td5!!** (man vergleiche ihn mit 1. Td6! in Nr. 182!) eine durchaus harmlose Erklärung. Es gibt keine Hexerei im Schach, es geht alles mit natürlichen Dingen zu! Schwarz

Dr. Vidmar

184 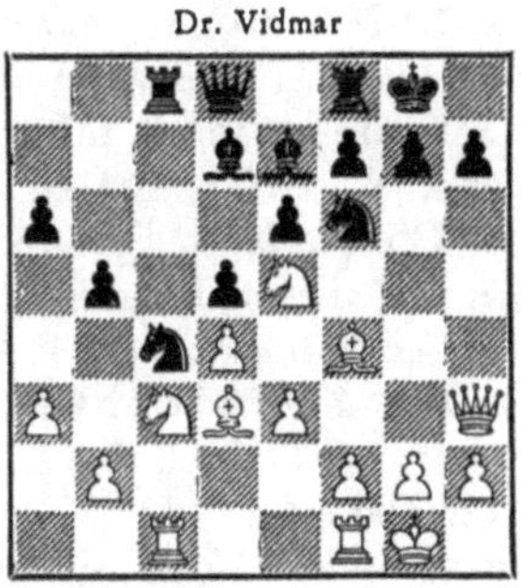

N. Frydman (am Zuge)
(Meisterturnier Budapest 1934)

muß aufgeben; er vermag, wie nunmehr leicht ersichtlich, dem Matt nicht zu entgehen.

Der Sf6 steht in 184 vor der an sich stolzen, für ihn aber nicht erfüllbaren Aufgabe, an drei Punkten zu gleicher Zeit zu sein: h7, d5 (wie man gleich) und d7 (wie man etwas später sehen wird). **1. Sd5:!.** Ein Blitz aus heiterem Himmel. Wenn Schwarz nun mit 1. . . . . ed5: (Sd5:? Dh7:‡) schlägt, so 2. Sd7:! und Dd7: ist nicht angängig wegen 3. Lh7:† Kh8 4. Lf5† mit Damengewinn. d5, d7, h7 — so lange Beine hat kein Pferd! — Schwarz versuchte noch 1. . . . . **g6** (um die Drohung Sf6:† nebst Dh7:‡ abzuwehren), verlor aber schnell: **2. Se7:† De7: 3. Lc4: Tc4: 4. Tc4: bc4: 5. Lg5.** Schwarz gab auf; die Fesselung entscheidet. Ein gelungener Überfall!

Die Kenntnis solcher Zusammenhänge kann im Mittelspiel gut verwendet werden.

Dr. Aitken (am Zuge)

185 

Golombek
(Zonenturnier München 1954)

Nach 1. . . . . **f6? 2. Sc6! Te8** bemühten sich zwei schwarze Figuren, das Feld e7 zu decken; aber beide erwiesen sich als untauglich dazu: **3. Se7†!.** Die doppelte Bindung der schwarzen Figuren ist bemerkenswert; der Te8 ist an c8 gebunden und der Sd5 muß die ungeschützte Dame bewachen. Nach **3. .... Te7: 4. Dc8:† Kg7 5. Da6** gewann Weiß mit der Qualität mehr schließlich die Partie.

Capablanca

186

Marshall (am Zuge)
(Meisterturnier Petersburg 1914)

Weiß mochte nicht den Sc4 nehmen, denn nach 1. Dc4: c6 2. Sb6† Kc7 3. Dc5 Dg3:†! hätte er nichts erreicht. Er sah sich daher nach stärkeren Zügen um. Bei Betrachtung des Stellungsbildes fällt auf, daß Le6 schon nicht mehr ganz Herr seines freien Willens ist. So z. B. darf er nicht nach f5 (De8†, Dd8, Se7†), auch nicht nach d5 (De8†, Dd8, Lg4†). Somit gewinnt der Zug **1. Lg4!** entscheidende Kraft, da er den feindlichen Läufer vollends festnagelt. (1. .... f5 2. Lf5:!, 1. .... Dd5: 2. Le6:†, 1. .... Lg4: 2. De8† Dd8 3. Se7†.) Und nach 1. .... Dg3:† 2. Kh1 ist die Lage womöglich noch schlimmer.

In Nr. 187 hat die schwarze Dame die Bestimmung, den Tc8 zu decken, der sonst vom Gegner doppelt angegriffen wäre. Und da niemand bekanntlich auf zwei Hochzeiten zu gleicher Zeit tanzen kann, ist die

C. v. Bardeleben

187

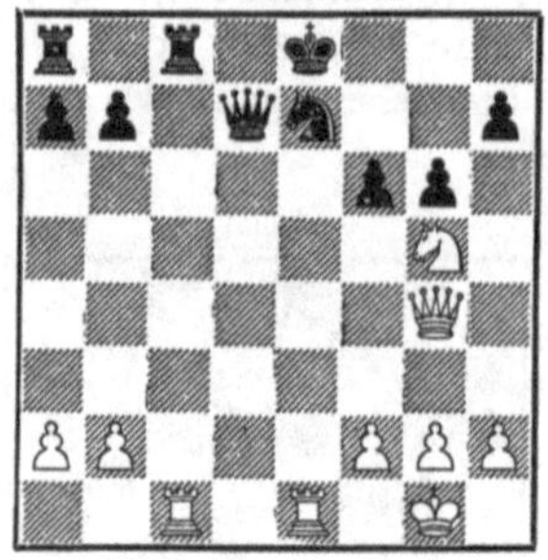

W. Steinitz (am Zuge)
(Turnier zu Hastings 1895)

Dame also für andere Aufgaben nicht zu gebrauchen. Weiß machte von der eigenartigen Figurenkonstellation wie folgt Gebrauch: **1. Te7:†! Kf8.** Auf De7: kommt natürlich Tc8:† und auf Ke7: bleibt Weiß mit 2. Te1† Kd6 3. Db4† Kc7 4. Se6† Kb8 5. Df4† siegreich. **2. Tf7†!.** Der Turm schwebt, „von unsichtbaren Kräften gedeckt“, auf der 7. Reihe entlang. Aber die Kräfte sind gar nicht so unsichtbar: Die Dame darf den Turm nicht schlagen, weil sie wieder den Tc8 preisgeben, und später auch der König nicht, weil Weiß dann die Dd7 mit Schach erobern würde. Andererseits sind aber auch Weiß in etwas die Hände gebunden, da er ständig die Mattdrohung auf c1 beachten muß. **2. .... Kg8 3. Tg7†! Kh8.** Auf Kf8 ist Sh7:†! sofort entscheidend. **4. Th7:† Kg8 5. Tg7† Kh8 6. Dh4†!.** Nach Öffnung der h-Linie ist dieses Eingreifen der Dame möglich. **6. .... Kg7: 7. Dh7† Kf8 8. Dh8† Ke7 9. Dg7† Ke8** Kd6, Td1† usw. **10. Dg8† Ke7 11. Df7† Kd8 12. Df8† De8 13. Sf7† Kd7 14. Dd6‡.** — Ein Turm, der ganze Arbeit leistete!

188

Dr. Aljechin

Dr. Tartakower
(New York 1924. Weiß am Zuge)

189

Pillsbury (am Zuge)

Showalter
(Wettkampfpartie, gespielt in New York 1897)

Einen ähnlichen hübschen Turmzug zeigt uns diese Stellung. Weiß spielte De4, hätte aber auch **1. c6** ziehen können, denn Schwarz darf nicht **1. . . . . Dc6:?** antworten wegen **2. Te7!** Nun geht Te7: nicht wegen dc6:, und Ke7: nicht wegen De4† nebst dc6:. Und versucht Schwarz **2. . . . . f6,** um der Drohung T1f7:† zu entgehen, so macht der Turm mit **2. . . . . Tg7:!!** weitere Beute. Alles sehr elegante Turmzüge! Kg7: ist wegen Dg4† nebst dc6: immer noch nicht zulässig.

Die Zusammenhänge erkennen, heißt: sie ausnutzen, heißt: die Ideen zu den Kombinationen finden!

(189) Nun, lieber Schachfreund, wenn Sie jemand fragen würde: Darf Schwarz auf f2 mit der Dame schlagen?, was würden Sie antworten? Vielleicht sagen Sie: „Nein, denn auf **1. . . . . Df2:?** (was tatsächlich kam) setzt Weiß mit 2. Dd8†! usw. Matt!" Ganz so einfach ist die Sache nun aber auch nicht; auf „Matt" zieht die Df2 dazwischen! Aber wir haben erkannt, daß die schwarze Dame an das Feld f8 gebunden ist, und nun fällt es uns wie Schuppen von den Augen: **2. Te2!** ist der richtige Zug! —

Damit sind wir wieder am Ende eines Kapitels angelangt und können rückblickend feststellen, daß die verschiedenen Bindungen der Figuren, die wir hier kennenlernten, manches mit den Fesselungen gemeinsam haben. Eine allgemeine Lehre wollen wir aber hieraus noch ziehen: möglichst nicht eine stärkere Figur zur Deckung einer schwächeren zu verwenden! Die Summe der Wirkungen der Figuren muß darunter leiden.

Kampf gegen die Schutzfigur

Ein Radikalmittel, die Wirkungskraft einer Figur auszuschalten, ist es natürlich, die Figur selbst zu beseitigen. Wie dies durch die verschiedensten Opfer geschehen kann, wollen wir nachstehend an verschiedenen Bildern aus der Praxis zeigen. Aber nicht nur durch Beseitigung der Figur, sondern auch durch ihre Ablenkung von einer bestimmten Stelle des Brettes erreicht man das gleiche Ziel: am entscheidenden Punkte ist die Wirkungskraft der Schutzfigur ausgeschaltet.

Wir haben ja schon bei so manchem Anlaß Kombinationen dieser Art gesehen, wollen hier aber doch noch einige charakteristische Stellungen betrachten.

Beseitigung der Schutzfigur durch Opfer

190

Schlage

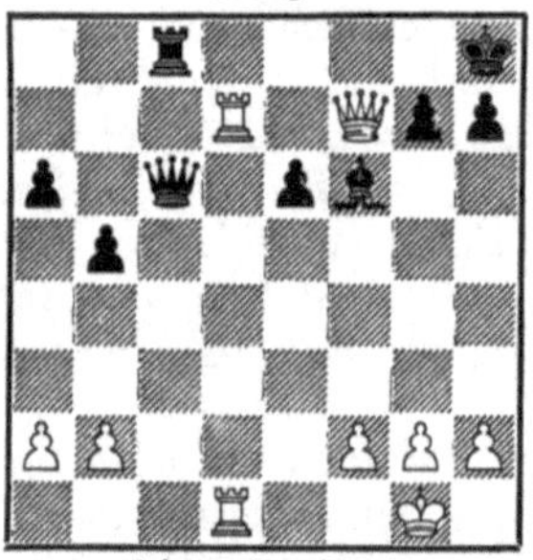

Johner (am Zuge)
(Jubiläumsturnier der Berliner Schachgesellschaft 1928)

Weiß zog 1. g4 und verlängerte damit unnötig den Todeskampf des Gegners. Mit **1. Td8†! Td8: 2. Td8:† Ld8: 3. Df8‡** konnte der die 8. Reihe schützende Tc8 beseitigt und das Matt erzwungen werden. Dies ist eine so gewöhnliche und selbstverständliche Kombination, daß man sich immer wieder wundern muß, wenn sie nicht gesehen wird.

Auch in 191 ist es die „Schutzlosmachung" der 8. Reihe, die die Aufgabe der weißen Türme ist. Zunächst ein kleines Vorspiel: **1. Lf6! gf6:.** Auf Tg8 führt 2. Lg7:† Tg7: 3. Td8† zum Matt. **2. ef6: Tg8,** und nun der

191

Sacconi (Italien)

Havasi (Ungarn) (am Zuge)
(Länderkämpfe Folkestone 1934)

Hauptplan: **3. Td8! Tcd8: 4. Td8:** nebst Matt. — Opfer, mit Fesselung und Ablenkung verbunden. Nicht ganz so einfach wie Nr. 190, gehört aber auch diese Kombination zum elementaren Rüstzeug jedes Kombinationsspielers.

192

Süchting (am Zuge)

Blackburne
(Gespielt im Leipziger Turnier 1894)

Bei Da1† Kd2 Tad8† Ld3 kommt Weiß in Sicherheit. Der Le2 schützt nicht nur den Td1, sondern später auch seinen König. Mit **1. . . . . Te2:!** konnte Schwarz die störende „Läuferkraft" vom Brett entfernen. Nach **2. Te2: Da1† 3. Kd2** gewinnt **Td8†** leicht. Aber Schwarz erkannte den Zusammenhang nicht, gab das Schach auf a1 und erreichte nur remis. Über die ausgelassenen Gelegenheiten im

Schach zu schreiben, würde allein ein dickes Buch füllen!

Köhnlein

193

Aljechin (am Zuge)
(Gespielt im Hauptturnier zu Düsseldorf 1908)

Weiß könnte hier mit 1. Sf7† die Qualität gewinnen, denn matt wird es nicht: 1. .... Tf7: 2. Te8†? Tf8, aber er will mehr. Und so verfiel er auf den Zug **1. Dd6:!**, der dem Gegner die Deckung des Tf8 nimmt. Nach **1. .... cd6: 2. Sf7†** ist Tf7: wegen Te8† nebst ‡ nicht mehr möglich, Weiß gewinnt also die Dame zurück und bleibt mit einer Figur mehr.

Ein hübscher Zufall will es, daß sich 18 Jahre später genau die gleiche Kombination, nur mit umgekehrten Vorzeichen, ereignete:

Baratz (am Zuge)

194

Dresga
(Aus einem Pariser Turnier, etwa 1926)

1. .... Dd3:! ist nun auch ohne weitere Erläuterungen verständlich. Ben Akiba's Wort: Alles schon dagewesen!, hat eigentlich im Schach am wenigsten Berechtigung, aber mitunter kommt es uns doch in den Sinn!

Dr. Taube (am Zuge)

195

Heinicke
(Meisterturnier des Niederelbischen Schachbundes 1931)

Auf 1. .... Sf3:† kann Weiß ruhig mit dem g-Bauern schlagen, seine Dame ist ja durch den Ld3 geschützt. Aber dies erkennen und nach der Erkenntnis handeln, das war für Schwarz nur eins: mit **1. .... Td3:!** wurde die Deckung der Dame beseitigt, und ob Weiß nun mit Springer oder Turm auf d3 zurückschlägt: immer geht mit Sf3:† seine Dame verloren (z. B. 2. Sd3: Sf3:† 3. Kf2 Ld4†). Er tut daher am besten, König oder Dame aus der Schußlinie der feindlichen Figuren zu ziehen und sich mit dem Verlust des Läufers abzufinden.

Solche Züge wie 1. Dd6: in Nr. 193, 1. .... Dd3: in Nr. 194 und 1. .... Td3: hier schlagen wie eine Bombe ein, denn sie treffen die gegnerische Stellung an ihrem empfindlichsten Punkte.

Carls

196

Schuster (am Zuge)
(Kongreß des Ostfriesischen Schachbundes, Oldenburg 1914)

Eine sehr bekannte Kombination, die immer wieder das Entzücken der Schachfreunde hervorruft, entwikkelte sich aus dieser Stellung. Weiß zog **1. Lf6:?**, was sich als ein Fehler erwies. Nach **1. .... hg3:! 2. Le5** schien allerdings alles noch in bester Ordnung, denn h2 war ja genügend geschützt. Auch nach **2. .... Th2: 3. Th2:** ahnte Weiß noch nichts Böses, allein nun kam eine Teufelei: mit **3. .... Da5†** **4. c3** (Wenn 4. Dd2, so gf2:†!) **4. .... De5:†!!** beseitigte Schwarz den Schutzläufer e5 und eroberte mit **5. de5: gh2:** seine Dame wieder zurück. Das Ergebnis: eine Mehrfigur! Man vergleiche die ganz ähnliche Kombination in Nr. 154!

Szukszta (am Zuge)

197

Pytlakowski
(Gespielt in Warschau 1952)

Mitunter schützt auch ein Bauer gut durch seine Eigenschaft, en passant zu schlagen. Dieser wichtigen Möglichkeit gelten manche Kombinationen. In der obigen Stellung erkannte Schwarz den letzten weißen Zug Th8—g8 nicht in seiner ganzen Tragweite und antwortete **1. .... b3.** Wohl schützt der Bh4 jetzt gegen 2. Lg7† Kh5 3. g4†, denn er würde en passant schlagen; aber **2. Dh4:†!!** beseitigte den schützenden Bauern und erzwang das Matt: **2. .... Lh4: 3. Lg7† Kh5 4. g4‡.** Eine originelle Wendung.

Gygli (am Zuge)

198

Grob
(Aus einem Vereinswettkampf in Baden 1932)

Der weiße König mitten auf dem Brette — das nimmt kein gutes Ende. Schwarz zog De1 und gewann schließlich auch damit, hätte aber hier bereits ein Matt in 4 Zügen ankündigen können. Er mußte nur folgendermaßen überlegen: h7 — h5 † würde sofort mattsetzen, wenn nicht der Schutzbauer g5 en passant nehmen würde. Kann der Bauer nicht irgendwie beseitigt werden? Vielleicht mit **1. .... Tg5:†?** Und das war der richtige Zug; Weiß darf mit hg5: keinen Ersatz schaffen, weil Dh5‡ sofort entscheidet. Nur

2. Lg5: geht noch, da der König das Fluchtfeld f4 erhält. Aber nach **2. . . . . h5† 3. Kf4 Dc1†** wird er doch matt: **4. Td2 Dd2:‡.**

Aus einem solchen Hexenkessel gibt es eben kein Entrinnen!

Dr. Aljechin

199 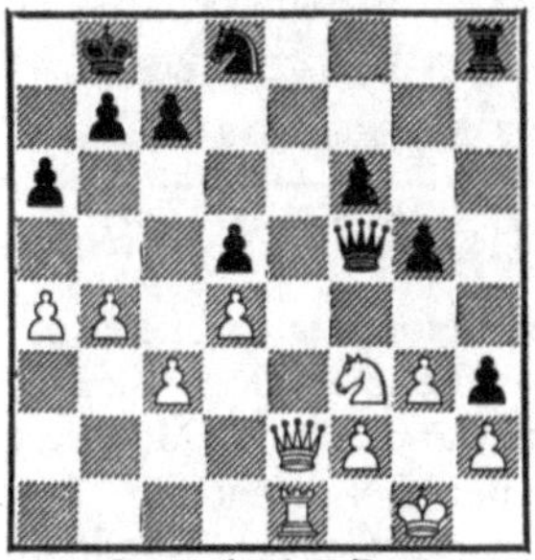

Opocensky (am Zuge)
(Meisterturnier Paris 1925)

Der uns bisher aufmerksam gefolgte Schachfreund erkennt sofort den Bh3, den Pfahl im Fleische, als das große Plus, das Schwarz in dieser Stellung hat. Weiß vergrößerte es noch mit **1. Kh1**, statt sich mit Kf1 möglichst von dem Bauern zu entfernen und den Te1 in der Bewachung der 1. Reihe zu unterstützen. Nun kam ein schnelles Ende: **1. . . . . Te8!** Greift die Schutzfigur des Sf3 an. Man beachte übrigens, daß der Sd8, der nach den allgemeinen Regeln der Position hier schlecht steht, in Wirklichkeit erst die Kombination gestattet: ohne ihn könnte Weiß den Te8 mit Schach schlagen. Und ziehen wir daraus die Lehre, daß das Schachspiel jedem Schema abhold ist, und daß es im Ernst kein System geben kann, in das sich all und jedes hineinzwängen ließe. — Weiß flüchtete mit der Dame nach d1: **2. Dd1,** aber — niemand kann zween Herren dienen!, wie unser voriges Kapitel schon darlegte. Die Dame kann nicht den Te1 und den Sf3 gleichzeitig unter ihre Fittiche nehmen. **2. . . . . Df3:†!** nebst Matt im nächsten Zuge.

Ablenkung der Schutzfigur

Morphy (am Zuge)

200 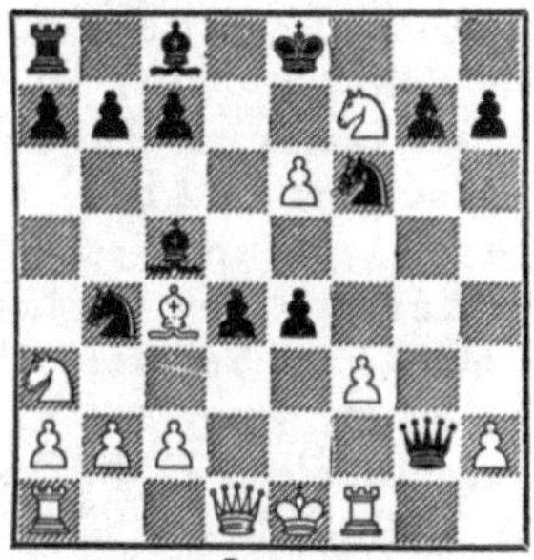

Barnes
(Gespielt in London 1858)

Der weiße König ist eingekeilt zwischen Dame und Turm, bewacht von der schwarzen Dame. Ein Läuferschach würde ihm den Garaus machen. Wie aber dazu kommen? Nach 1. . . . . Sd3† 2. Ld3:! Lb4† hat Weiß noch die Verteidigung 3. c3 (dc3: 4. Da4†). Also muß erst der Lc4, der das Feld d3 mit schützen hilft, abgelenkt werden: **1. . . . . Le6:! 2. Le6: Sd3† 3. Dd3:,** denn cd3: Lb4† führt nun unweigerlich zum Matt. **3. . . . . ed3:** und Schwarz gewann.

Kipke (am Zuge)

201 

K.
(Gespielt 1932 in Berlin)

Schwarz hat die Qualität verloren (oder geopfert? wer will das wissen!), dafür aber einen stark stehenden Springer und den Turm auf der 2. Reihe. Zudem hat der weiße König kein Luftloch. Was liegt daher näher, als zu versuchen, dem Gegner die Deckung der 1. Reihe zu entziehen? Sofort 1. .... De4: nützt nichts, die Dame ist durch Te3 gut geschützt. Aber nicht durch Te1, denn dieser darf die 1. Reihe nicht verlassen. Also muß Te3 beseitigt oder weggelenkt werden. **1. .... Sh3†!** erreicht dieses Ziel; Kf1 scheitert an Tf2:‡, Kh1 an Sf2:†, gh3: an Df2:† nebst Dh2:‡. **2. Th3:** ist daher erzwungen, doch nun ist nach **2. .... De4:** die weiße Dame verloren, weil Te1 kein Schutz für sie ist.

Dr. Adam (am Zuge)

202

Demetriescu
(Aus einer Fernpartie, 1934)

Wenn man erst einmal das Matt erkannt hat, das nach 1. .... Sd3† 2. Kb1 Tc1: entsteht, wird es nicht schwer fallen, den Zug **1. .... De5!** zu finden, der die weiße Dame von der Deckung des Feldes d3 ablenkt. Auch wenn Weiß nicht schlägt, also 2. Td1 zieht, ist er verloren, da zugleich auch der Sg3 angegriffen ist.

N. N.

203

Dr. Munk (am Zuge)
(Gespielt in Kassel 1914)

Ein besonders schönes und lehrreiches Beispiel. Der weiße Turm brennt darauf, auf a7 Matt zu geben, aber der Bb7 steht im Wege, er schützt den Gegner. Wie kann man ihn veranlassen, sich wegzubegeben, dem Turm den Weg freizumachen? Durch die verblüffende Kombination **1. Sc7† Ka7 2. Da6:†! ba6: 3. Sb5† Ka8 4. Ta7‡.** Mit Hilfe eines Damenopfers und eines Doppelschachs setzte Weiß seinen Willen in die Tat um.

Paul Johner

204

Hans Johner (am Zuge)
(Gespielt in Frankfurt a. M. 1905)

Der schwarze König ist durch die verschiedensten Opfer in seine tragikomische Lage gezwungen worden. Es handelt sich nun darum, ihm den Todesstoß zu versetzen. Nach 1. h3† Kg3 ist aber sowohl das Feld e1

(Le1‡) als auch f3 (Tf3‡) durch Te8 und Lb7 geschützt. Mit **1. Lc4!** besetzt Weiß den Schnittpunkt dieser beiden Figuren und schaltet sie damit zugleich aus. Ob nun T oder L auf e4 schlägt, immer verstellt die eine Figur die andere und es kommt je nachdem **2. h3† Kg3 3. Tf3** oder **Le1‡.** *Es handelt sich hier also eigentlich um keine Ablenkung, sondern um eine erzwungene Verstellung.* Eine Kombination, die mehr in das Problemgebiet gehört und in der praktischen Partie doch verhältnismäßig selten ist.

Lovén

205 

Stoltz (am Zuge)
(Aus einem finnischen Turnier 1933)

Auch in 205 wird Schwarz gezwungen, sich selbst eine Schutzfigur zu verstellen, nämlich die den Lh5 schützende Da5. Nach **1. Sd5! cd5:** verliert die schwarze Dame zugleich die Herrschaft über das Feld e5, so daß nun folgt **2. Se5†! fe5: 3. Dh5:†.** Die vorangegangenen Springeropfer haben also den Zweck gehabt, das Eingreifen der weißen Dame zu ermöglichen. **3. . . . . Ke6 4. Dg4† Kf7 5. Df5† Ke8 6. De6 Dc5** (etwas besser Dd8) **7. d4!.** Linienöffnung für Lc1! **7. . . . . ed4: 8. Lg5!.** Aufgegeben.

Die ungeschützte Figur

Wir haben an einer ganzen Reihe Stellungen gesehen, wie der Gegner erfolgreich den Kampf gegen die Schutzfigur geführt, wie er die schutzbedürftige Figur ihrer Stütze beraubt hat. Daran ist aber nicht die Tatsache des Schutzes an sich Schuld, sondern es müssen schon schwerwiegende Fehler vorausgegangen sein, wenn es dem Gegner gelingt, eine mühsam aufgebaute Deckung zu durchbrechen.

Im allgemeinen soll der Grundsatz gelten, möglichst keine Figur ohne Deckung zu lassen. Freilich läßt sich das fast nie hundertprozentig durchführen, denn wer ein bestimmtes Ziel verfolgt, kann ja unmöglich bei jedem Zuge ängstlich fragen: bleibt nicht diese oder jene Figur ohne genügenden Schutz, entsteht nicht hier eine Fesselung, dort eine Bindung? Nein! Wer nicht wagt, der nicht gewinnt! Trotzdem muß jeder Zug, den wir machen, daraufhin genau untersucht werden, ob er dem Gegner nicht zu viele Chancen einräumt, die dieser eventuell mit einer überraschenden Kombination ausnutzen kann. Denn „wagen" heißt ja nicht: alles auf eine Karte setzen. Das ist höchstens erst dann angebracht, wenn der Verlust einer Partie nicht mehr anders abgewendet werden kann.

Wir bringen nachstehend eine Anzahl Kombinationen aus der Praxis, die die Gefahren verdeutlichen sollen, die ungedeckt stehenden Figuren drohen.

Gröper

206

Pantzke (am Zuge)
(Meisterschaft des Berliner Schachverbandes, Berlin 1929)

Am einträglichsten ist natürlich die Jagd auf die ungedeckt stehende Dame. Mit **1. Dg4†! Kf6: 2. Dh4†!** war hier die schwarze Dame zu erobern (eine sehr bekannte Wendung!), aber Weiß zog elegant 1. Dh6:†? Kh6: 2. Sg8† nebst Se7: und verlor mit einer Figur weniger noch die Partie. Warum auch einfach gewinnen, wenn man kompliziert verlieren kann!

Kupchik

207

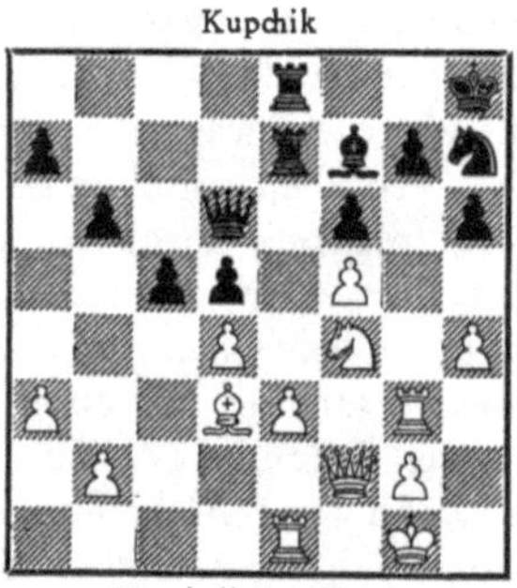

Marshall (am Zuge)
(Gespielt in Chikago 1926)

Weiß nahm hier überraschend mit **1. Tg7:!** dem Gegner einen wichtigen Bauern weg. Schwarz darf den Turm nicht schlagen, denn nach Kg7: 2. Dg3† verliert er durch ein Abzugschach des Sf4 die Dd6. Er versucht daher Dd8, war aber durch den Verlust des Bg7 so geschwächt, daß er bald den Kampf aufgeben mußte.

Moritz

208

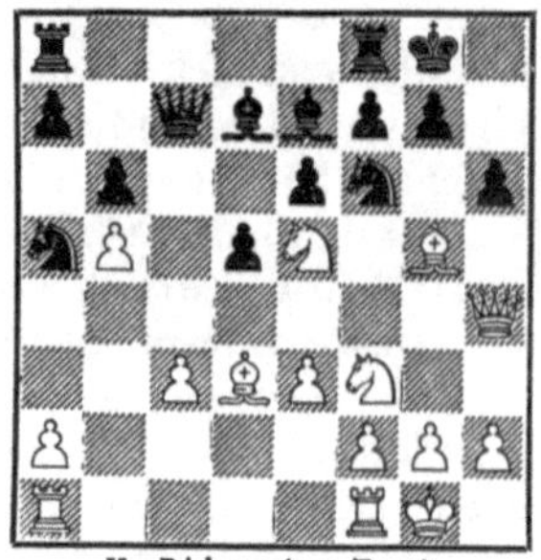

K. Richter (am Zuge)
(Meisterschaft von Deutschland, Swinemünde 1931)

Mit einem ähnlichen Springerabzugangriff brachte Weiß hier die feindliche Dame zu Fall. **1. Lh6:.** Dieses Opfer ist nicht gegen den König gerichtet, wie der Gegner gedacht haben wird: es gilt der Dame! **1. .... gh6: 2. Dg3†!.** Das war die Absicht! Auf Dh6: hat Schwarz die Parade Se4. **2. .... Sg4.** Sonst Abzugschach des Se5!. **3. Dg4:† Kh8 4. Df4.** Schwarz gibt auf; nach Kg7 5. Dg3† ist er um nichts gebessert.

Ullrich

209

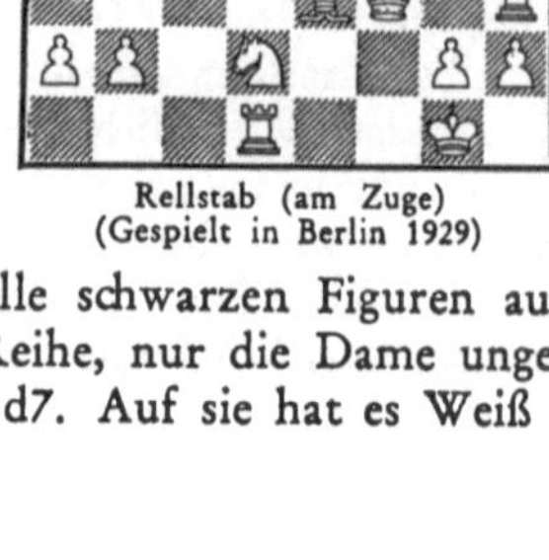

Rellstab (am Zuge)
(Gespielt in Berlin 1929)

Alle schwarzen Figuren auf der 8. Reihe, nur die Dame ungedeckt auf d7. Auf sie hat es Weiß abgesehen, und wieder ist es ein mit Schach abziehender Stein, der der weißen Dame die Angriffslinie gegen die feindliche öffnet: **1. Sg6†! fg6: 2. Th7:† Kh7: 3. Dh3† Sh6 4. fg6:†.** Diesmal also ist es ein Bauer! **4. .... Kg6: 5. Dd7:** und Weiß gewann.

Schories (am Zuge)

210

Ahues
(Meisterschaft von Deutschland, Pyrmont 1933)

Wer solche Kombinationen beherrscht, wird sie oft als Sprungbrett für andere Figuren benutzen, um diese besser zu stellen. In vorliegender Stellung zog Schwarz **1. .... Sh3!**; der vorwitzige Springer ist indirekt gedeckt (Dh3:, Sg4:†!). Die weiße Dame läßt sich aber nicht in eine ungedeckte Stellung locken, doch kann Weiß auch auf andere Weise Nachteil nicht vermeiden. Es kam **2. Ld1 Sg4:†!** Trotzdem! Das Figurenopfer macht sich bezahlt. **3. fg4: Dh6† 4. Kf3 Lg4:†! 5. Kg2** (Kg4:, Sf2†) **Sf4†.** Das war das hauptsächliche Ziel des 1. Zuges: das schöne Feld f4!. **6. Kf1 Dh1:† 7. Sh1: Ld1: 8. Sa5 Kf7 9. Sf2 Lc2** und Schwarz gewann. — Man muß alle Hilfsquellen, die eine Stellung birgt, den eigenen Figuren zunutze machen.

Weiß gab in Stellung 211 den Kampf unentschieden, ein für eine

Dresler

211

Lie (am Zuge)
(Aus einem nordischen Fernturnier, um 1932)

Fernpartie, bei der doch alles leicht am Brett ausprobiert werden kann, erstaunliches Versehen. Er konnte statt dessen einen Angriff gegen die ungeschützt stehende De3 eröffnen und siegreich durchführen. **1. Dd8† Kf7 2. e6† Ke6:** (De6:†, Lc4!) **3. De8†** usw. Merkwürdig, daß gerade die einfachsten Dinge so oft übersehen werden!

Wesentlich komplizierter kam in dem nachfolgenden Schlußspiel ein gleicher Damengewinn zustande.

Trifunovic

212

Platz (am Zuge)
(Schacholympiade Helsinki 1952)

Der letzte schwarze Zug Ld7×h3 stellte anscheinend den Gewinn sicher. Aber da hatte Weiß noch einen glänzenden Einfall: **1. e5!**, der den Gegner wie ein Keulenschlag traf. Le5: ging nicht wegen 2. Df7:†, de5: nicht wegen 2. Df6:† und De5: nicht wegen 2. Tae1. Es folgte **1. .... Lg2:† 2. Kg1 Lf1:?** Aus dem Gleichgewicht gebracht, versäumt Schwarz die beste Chance, die in 2. .... De5: (nunmehr angängig!) 3. Tae1! (3. Tfe1? Te2! Jetzt hingegen scheitert 3. .... Te2 an 4. Df6:†.) 3. .... Lf1: bestand. **3. Df6:†.** Schwarz gab auf. Er erkannte zu spät, daß nun seine Dame verloren ist, da er dem Abzugsschach das Be5 nicht entrinnen kann (3. .... Ke8 4. Dh8† Kd7 5. e6†, bzw. 4. .... Ke7 5. ed6:† usw.).

Man sieht, die Kenntnis solcher Kombinationen gibt dem Spieler eine gefährliche Waffe in die Hand. Aber — da gibt es auch ein „aber", wie bei fast jedem Erfahrungssatz im Schach. Manchmal haben wir nicht einen Fehler des Gegners, sondern eine Falle vor uns. Ein warnendes Beispiel dieser Art wollen wir Ihnen nicht vorenthalten.

Kraus

213 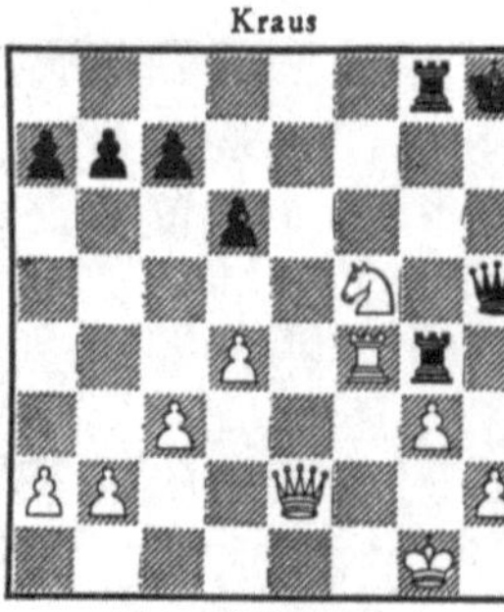

Semgalis (am Zuge)
(Gespielt in Stuttgart 1951)

Nach dem raffinierten Abwartezuge **1. a3!** konnte Schwarz hier nicht der Verlockung widerstehen, mit **Tg3:†?** auf Eroberung der feindlichen Dame zu spielen. Nach 2. Sg3:? Tg3:†! (nicht sofort De2:? 3. Th4†! usw.) 3. Kf2 Tg2† hätte er Recht behalten; nach **2. hg3:!!** jedoch war er der Hereingefallene, denn **2. .... De2: 3. Th4†!** führt zum Matt. Schwarz gab deshalb die Partie auf. So erzielte Weiß mit der gestellten Falle Kurzschluß, während er andernfalls noch ein langes Endspiel hätte spielen müssen, dessen Enderfolg nicht einmal so sicher war.

„Ja, mit Schach-Damen muß man Glück haben", sagte Frl. *Keller* bei einem Rundfunkvortrag. Nur mit Schach-Damen!?

Nach dieser kleinen Abschweifung kehren wir wieder zum Thema zurück.

N. N.

214 

Bogoljubow (am Zuge)
(Simultanvorstellung Zoppot 1935)

Die schwarze De5 ist ungedeckt, der weiße Le6 aber auch. Allein Schwarz hat wieder einmal vergessen, zu rochieren, und sein König ist außerdem von den beiden Türmen so liebevoll umgeben, daß dies zusammen mit der ungedeckten Stellung der schwarzen Dame Weiß eine recht drastische Angriffsführung gestattet. **1. Tb7:!.** Der Le6 muß dran glauben. **1. .... De6: 2. Lc5!!.** Der Kernpunkt der Kombination. Der Angriff auf die De6 hindert Schwarz daran, mit dem Läufer auf c5 zu schlagen. **2. .... De2:.** Er will abtauschen, aber Weiß hat ganz andere Pläne! **3. Te7:†!! De7: 4. Te7:‡.** Hübsches Epaulettenmatt!*)

Grob

215

Ahues (am Zuge)
(Meisterturnier Nauheim 1935)

Der Se6 ist ungeschützt und befindet sich außerdem auf einer gegen seinen König offenen Diagonale. Weiß

*) Das „richtige" Epaulettenmatt sieht ja so aus, wie die Schlußstellung in nachfolgender Partie.

Marache

214 a

Morphy (am Zuge)
(Aus einer 1857 in New York gespielten Partie)

1. Tf8†! Df8: 2. Tf8:† Tf8: 3. Dg6:‡. Der schwarze König hat die „Epauletten" an; das können nach Lage der Dinge nur die Türme sein.

zeigt klar und einfach, wie daraus Vorteil zu ziehen ist. **1. Tb6:!.** Das Feld c4 soll dem Läufer freigemacht werden. **1. .... ab6: 2. Lc4 Kf7 3. Sf4 Te8** (oder Td6). Weiß tauscht nun jetzt oder einen Zug später zweimal auf e6 und gewinnt dann das Bauernendspiel, in welchem er praktisch einen Bauern mehr hat (der schwarze Doppelbauer auf der b-Linie ist nicht mehr wert als der einzelne weiße a-Bauer!). — Das Schachspiel ist doch wirklich nicht so schwer!

Ullrich (am Zuge)

216

Karstens
(Hauptturnier Swinemünde 1932)

Hier fällt sofort der Ld3 auf, der ohne Deckung mitten auf dem Brett steht. Zumal der Se5, wenn er ihn schlägt, noch einen „Großangriff" auf fast die gesamte feindliche Armee richtet. Und doch ist Schwarz am Zuge! Wer könnte da der Lokkung widerstehen, so willkommene Beute zu machen? Aber überlegen wir einmal: sollen wir dem Gegner ohne weiteres einen solchen Fehler zutrauen, wie es doch zweifellos das Einstehenlassen des Läufers bedeutet? Vielleicht hat er sich etwas dabei gedacht, nicht wahr? Ab und zu wird unser Partner ja auch einen guten Zug tun!

Schwarz jedoch stellte solche Überlegungen nicht an und schlug ohne Bedenken den Läufer: **1. . . . . Sd3:** — und es gab ein großes Hallo im Turniersaal, als sein Gegner mit **2. Df6!!** den Spieß vollkommen umdrehte. Schwarz kann dem Matt nicht entrinnen.

So war es nicht der ungedeckte Ld3, sondern der ungeschützte Te8, der die Partie verlor.

von Hennig (am Zuge)

217

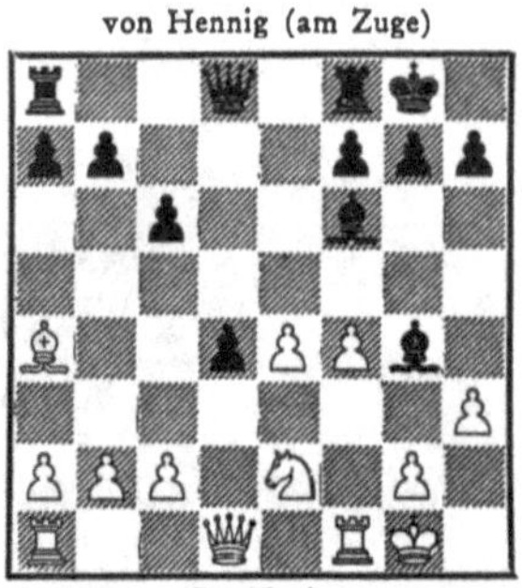

Dr. Taube
(Kampf Hamburg-Kiel in Niendorf 1934)

Der La4 ist sehr unglücklich postiert; erstens hat er keinen Wirkungskreis und zweitens entbehrt er auch noch des, wie wir gleich sehen werden, so notwendigen Schutzes. Mit dem für Weiß völlig unerwarteten Zuge **1. . . . . d3!!** gewann Schwarz eine Figur; weder bei 2. cd3: Le2: 3. De2: Dd4†, noch bei 2. hg4: de2: 3. De2: Dd4† kann der La4 seinem Schicksal entrinnen. „Das ist aber schwer zu finden“, sagen Sie vielleicht und denken, die Schachtrauben hängen doch eigentlich recht hoch. Aber nur Geduld! Mit viel Übung und noch mehr Selbstvertrauen werden auch Sie bald erkennne, daß die Schönheiten des Schachspiels keine Wissenschaft, sondern jedem zugänglich sind. —

Hiermit beenden wir die Betrachtungen über ungedeckt stehende Figuren, verweisen aber noch auf den Abschnitt Abzugangriffe, der eine Anzahl Stellungen enthält, die ebensogut hierunter hätten Aufnahme finden können.

Die eingeengte Figur

Wir konnten schon oft darauf hinweisen, welche Nachteile entstehen, wenn Figuren durch feindliche oder, beinahe noch schlimmer, durch eigene Steine in ihrer Bewegungsfreiheit stark eingeschränkt werden. Es braucht ja nicht gleich so schlimm zu kommen, wie in nebenstehendem Beispiel, wo der Lh7 buchstäblich ein Gefangener ist und gerade eben noch zwischen h7 und g8 hin- und herpendeln kann. Das klassische Beispiel für Einengung der Bewegungsfreiheit durch eigene Steine ist das erstickte Matt, über das ja schon gesprochen wurde. Da auch bei anderen Stellungen wiederholt auf die „Raumnot“ der Figuren hingewiesen wurde, können wir uns hier auf wenige Beispiele beschränken.

Die Position 218 entstand nach den Zügen 1. d4 Sf6 2. Sd2 e5 3. de5: Sg4 4. h3?. Schon vier Züge geschehen, und immer noch kann außer den Springern keine weiße Figur ziehen! Besonders die Dame ist durch den Sd2 so eingeengt, daß Schwarz bereits die Partie für sich entschei-

Lazard (am Zuge)

218 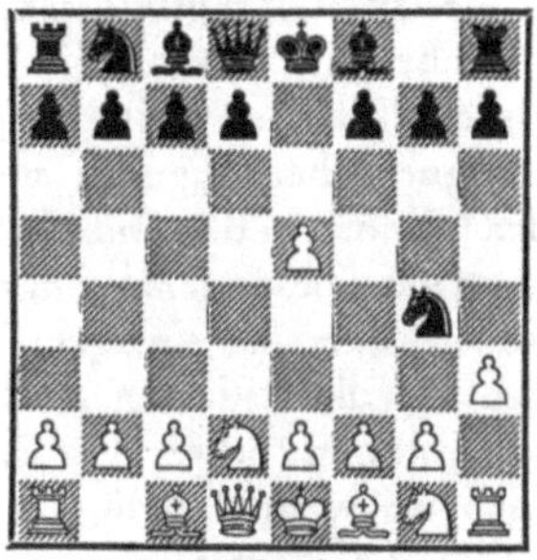

Gibaud
(Gespielt in Paris 1935)

den kann: **4. .... Se3!.** Und nun zeigt sich auch noch, daß der Sd2 den Lc1 verstellt, also überall nur Schaden anrichtet. Da nach fe3:Dh4† zum Matt führt, ist die weiße Dame (und damit die Partie) verloren.

Dr. Tarrasch

219 

W. von Holzhausen (am Zuge)
(Gespielt in Frankfurt a. M. 1912)

Und hier ist es die schwarze Dame, die, von eigenen Figuren umstellt, das Ziel einer feindlichen Kombination bildet. Der Sd7 zeigt — wie eben der Sd2 — die Nachteile einer solchen Springerstellung. Mit einem kecken Handstreich erobert Weiß das Feld e6 und damit die Dd8: **1. Lf7:†! Kf7: 2. Se6!** Schwarz gab auf, denn der Kf7 ist kein vollwertiger Ersatz für den Bf7. Er kann das Feld e6 nicht verteidigen, denn auf 2. .... Ke6: käme 3. Dd5† Kf6 4. Df5‡.

Freilich ist es nicht immer falsch, wenn man einen Springer nach d2 bzw. d7 stellt. Aber erhöhte Gefahren bringt eine solche Springerstellung zweifellos mit sich. Die natürlichen Entwicklungsfelder sind eben c3 bzw. c6.

Keller (am Zuge)

220 

Dr. Meyer
(Trainingsturnier in Stadtprozelten 1936)

Schwarz zog **1. .... Sh5?** und ließ dabei außer acht, daß seine Dame, eingeengt durch eigene Figuren, nur einen einzigen Ausweg hat. Weiß gewann nun mit **2. Sd5:!** einen Bauern, denn cd5: darf wegen Lc7! nicht geschehen.

Dieser Fehler wird immer wieder gemacht und man sollte ihn sich daher einprägen. Doch auf das Gedächtnis allein darf man sich nicht verlassen, worauf wir schon oft hingewiesen haben. Darum bringen wir auch hier ein warnendes Gegenbeispiel (Nr. 221).

Schwarz zog **1. .... Sh5,** was Meister *Krause* im Hinblick auf soundsoviele Vorbilder als einen „bekannten Fehler" ansah und dementsprechend handelte: **2. Sd5:?** Weiß hat aber hier noch nicht rochiert, und daran scheitert die Kombination.

Kirchhammer (am Zuge)

221

Krause
(DDR-Meisterschaft, Binz 1952)

2. .... cd5:! 3. Lc7 Lb4†! (O weh!) **4. Kd1 De7,** und Schwarz gewann. Man kann aus diesem Vorfall den paradoxen Schluß ziehen, daß es im Schach nicht gut ist, wenn man allzuviel kennt. Das ist natürlich ein Trugschluß; es kommt nur darauf an, das Wissen sinngemäß anzuwenden.

Winter

222

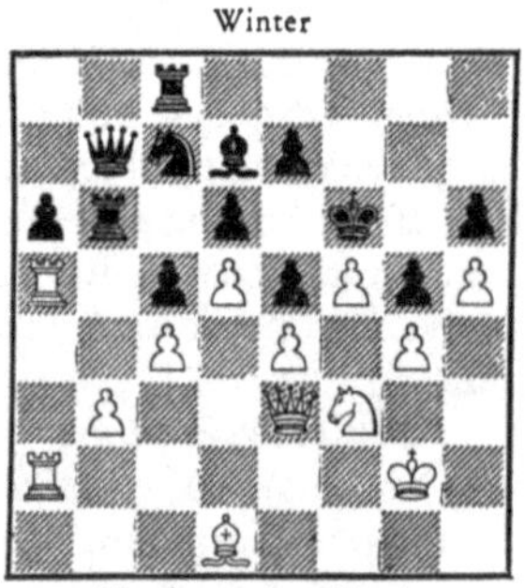

Noteboom (am Zuge)
(Aus einer 1929 gespielten Partie)

In diesem Stellungsbild sehen wir eine weiße Bauernkette, die überall in das feindliche Lager hineinragt und den gegnerischen Figuren wichtige Felder nimmt. Ld7 und Sc7 sind dadurch ganz besonders beengt. Und auf der b-Linie, der einzigen Gegenchance für die schweren schwarzen Figuren, kommt Schwarz auch nicht weiter: Bb3 ist gut geschützt. Weiß zerstörte die Verteidigungsstellung des Gegners durch ein doppeltes Figurenopfer: **1. Tc5:! dc5: 2. Se5:!.** Wieder einmal erweist es sich, daß der König im Mittelspiel ein ruhiges Plätzchen verdient, nicht aber als Schutzfigur verwendet werden soll. **2. .... Sb5.** Bei Ke5: 3. Dc3† wird die schwarze Majestät in das weiße Lager hineingezwungen, was sofortigen Verlust bedeutet, denn Kd6 scheitert an 4. e5‡. Schwarz opfert daher den Springer, um seinem König das Fluchtfeld c7 zu schaffen und gleichzeitig die Drohungen Sd7:† sowie Dc3 zu parieren. **3. cb5: Ke5:.** Nun glaubt er, nehmen zu können, aber noch immer führt dieser Weg ins Verderben: **4. Dc3† Kd6,** Ke4:, Lf3† usw. **5. Dg3†.** Ein unvorhergesehenes Seitenschach. **5. .... e5 6. fe6:† e. p. Ke7 7. ed7:.** Aufgegeben.

Der gefürchtete Abzugangriff

Bisher lernten wir nur Umstände kennen, die eine Figur in ihrer Wirksamkeit herabsetzten oder die Schlagkraft der Gesamttruppen eines Spielers schwächten. Fesselungen, Bindungen, schlecht oder gar nicht gedeckte Figuren, Figuren in Raumnot zogen vor unserem Auge vorüber. Nun gibt es aber eine große Gruppe von Kombinationen, die einer Figur erhöhte Kraft verleihen, das sind die Abzugangriffe. Eigentlich sind diese nichts weiter als Doppelangriffe, von denen wir schon eine Anzahl kennengelernt haben, und wenn wir ganz gerecht sein wollen, so können wir nicht einmal von der Erhöhung der einzelnen Figurenkraft sprechen. Denn die Kraft des Abzugangriffes besteht darin, daß zwei Figuren gleichzeitig Angriffe auf die gegnerischen Stellungen richten und in der Gleichzeitigkeit liegt eben seine Stärke. So kommt es oft vor und ist nicht gerade verwunderlich, wenn bei einem Abzugangriff beide Figuren einstehen: die abziehende sowohl wie auch die durch den Abzug freiwerdende. Der innere Grund ist natürlich der, daß der Gegner mit einem Zuge nur eine der beiden Figuren schlagen und somit auch nur eine der beiden Drohungen abwehren kann. Und hierin unterscheidet sich dieser Doppelangriff sehr wesentlich von dem gewöhnlichen Doppelangriff durch eine Figur, der sofort beseitigt ist, wenn die angreifende Figur geschlagen wird. Die Wirkung des Abzugangriffes steigert sich noch, wenn die abziehende oder freiwerdende Figur Schach bietet, und wird zur alles vernichtenden Kraft im Doppelschach — dem stärksten Angriffszug überhaupt.

Abzugangriffe ohne Schachgebot

(223) Auf 1. . . . . **Tc2:?** kam **2. Sd8!**, ein charakteristischer Abzugangriff. Es droht S oder Df7:, aber auch Te8†. Leicht wird man feststellen, daß Schwarz keine der beiden einstehenden Figuren von Weiß schlagen darf. Er versuchte **2. . . . . Tg2:†**, um nach Dg2:? Td8: und auf 3. Kg2:? Dd5:† spielen zu können. Weiß antwortete jedoch **3. Kh1!**, worauf Schwarz

Stüber (am Zuge)

223

W. Koch
(Meisterschaft von Berlin 1930)

nichts anderes übrig blieb, als mit **3. . . . . Tg1†** die Gewaltpolitik fortzusetzen. Nach **4. Kg1: Dg6† 5. Tg3** war er jedoch mit seinem Latein zu Ende und gab die Partie auf.

de Freitas

224

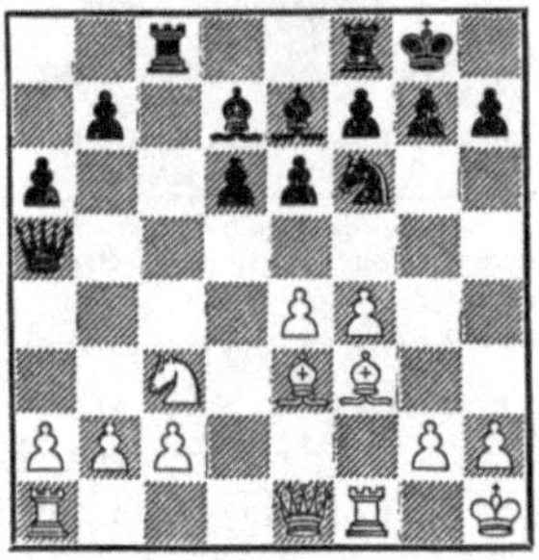

Engels (am Zuge)
(Gespielt in Sao Paulo 1952)

War die vorige Wendung elementar, so ist es diese nicht minder. Schon in vielen Partien brachte der mögliche Abzugangriff **1. Sd5!** den Weißen in Vorteil, da auf 1. . . . . De1: der Zwischenzug 2. Se7:† eine Figur gewinnt. Hier allerdings sieht es so aus, als ob Schwarz sich auf 1. . . . . De1: 2. Se7:† Kh8 3. Tae1: einlassen könnte; gewinnt er nicht mit Tce8 die Figur zurück? Doch nun zeigt sich eine weitere Pointe: 4. e5!, und Weiß behauptet das Figurenplus, da der Sf6 nicht ziehen kann, ohne geschlagen bzw. durch den Se7 abgetauscht zu werden.

Schwarz erkannte dies und zog **1. .... Dd8** (auch Ld8 2. Da5: La5: 3. Se7† nebst Sc8: war aussichtslos für Schwarz), gab jedoch nach **2. Lb6 De8 3. Sc7 Tc7: 4. Lc7:** den auf die Dauer zwecklosen Kampf auf.

Etwas für das Notizbuch im täglichen Kampf!

Leonhardt

225

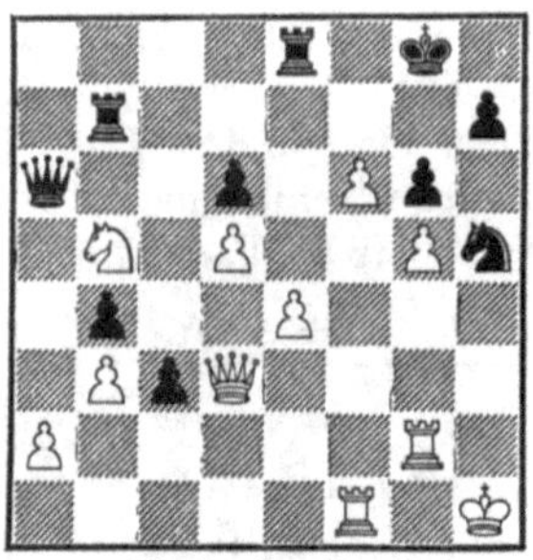

Schories (am Zuge)
(Meisterschaft von Deutschland, Pyrmont 1933)

Der Bf6 ist hier eine ganz andere Macht als der Bc3, denn er bedroht unmittelbar den feindlichen König. Schwarz hat außerdem den Fehler begangen, den Te8 in der Gabeldrohung des Bf6 stehen zu lassen, statt ihn so schnell als möglich aus dem Bereich des Bauern zu entfernen. Und tatsächlich bringt der Gabelangriff des Bauern die Entscheidung. Zunächst aber kam als Einleitung ein schöner Abzug des Sb5: **1. Sc7!**, doch genügte dieser bereits, um den Gegner zur Aufgabe zu veranlassen. Denn 1. .... Dd3: (Tc7:, Da6:) wird mit 2. f7† (also!) Kg7 3. Se6† (am besten) Te6: 4. f8D‡ erledigt.

Dr. Aljechin

226

Dr. Euwe (am Zuge)
(Meisterturnier Zürich 1934)

Und nun noch eine dritte Stellung mit einem hübschen Springerabzugangriff, die in die Schachgeschichte eingegangen ist. Mit der hier folgenden Kombination brachte Dr. *Euwe*, noch bevor er Weltmeister war, seinen späteren Wettkampfgegner Weltmeister *Aljechin* im Züricher Turnier zu Fall. **1. Sf7!** war der allerdings nicht leicht zu sehende Gewinnzug. Es droht Te6: und Sd8:, und Schwarz kann nicht mit 1. .... Kf7: beide Drohungen beseitigen, weil Weiß dann im direkten Königsangriff siegt: 2. Dh5† Ke7 (bei Kg8 fällt Te6 und Weiß behält die Qualität mehr) 3. Te6:† Ke6: 4. Te1† Kd6 5. Dc5† Kd7 6. Df5† Kd6 7. De6‡. Er sah sich daher zu **1. .... De8** gezwungen, allein nun eroberte Weiß mit 2. Te6: De6: 3. Sd8 den Bc6 und brachte den kostbaren Punkt dann sicher nach Hause. Wieder einmal, sagen manche Lernende etwas geringschätzig, eine große Anstrengung, um einen einzigen Bauern zu gewinnen. Diese Einstellung ist jedoch nicht richtig. Denn es kommt nicht darauf an, welchen Vorteil ein Zug bringt, sondern darauf, daß er überhaupt Vorteil bringt. Ist dieser groß, ja, entscheidend, um so besser. Aber der Schachspieler soll stets auf dem Boden der Tatsachen bleiben.

Ahues

227

Rellstab (am Zuge)
(Viermeisterturnier Berlin 1930)

Weiß läßt die angegriffene Dame einstehen und droht mit **1. Ld4** ein entscheidendes Schach auf f6, aber auch durch Öffnung der Schußlinie des Te1 De8:† usw. Schwarz vermag mit **1. .... Tf8** beides abzuwehren. Nun konnte Weiß mit **2. De8!! Dg7** (Te8:, Lf6:†, Dg7, Te8:‡) **3. Df8:†! Df8: 4. Te8!** sehr elegant gewinnen (konsequenteste Durchführung der Idee: Läufermatt auf f6!), er zog es aber vor, mit 2. Lc6: das Endspiel anzusteuern, das allerdings später auch mit seinem Siege endete. Oft genug aber hat ein solches Versäumnis schlimmere Folgen.

(228) Eine Stellung, die wohl schon ein paar Mal die Runde um die Welt gemacht hat. Sie bietet ja auch ein sehr eindringliches Bild des Abzugangriffes. Das Witzige daran ist, daß Schwarz die Partie, ob der Fesselung des Ld4 verzweifelnd, aufgab, während er sie mit dem Abzugangriff **1. .... Lg1!!** hätte gewinnen können.

Aliquando dormitat bonus Homerus!

Marco (am Zuge)

228

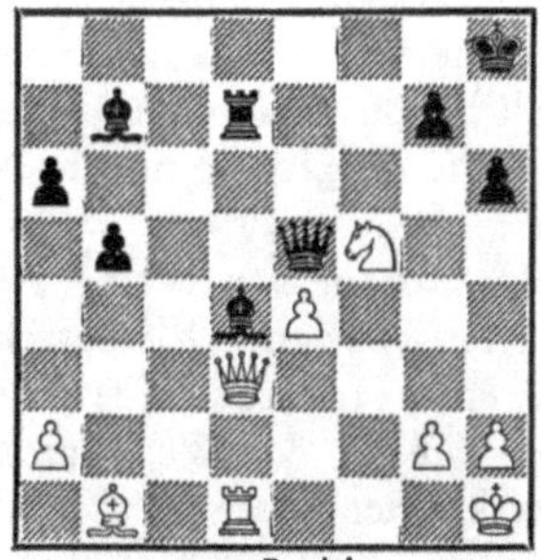

von Popiel
(Turnier zu Monte-Carlo 1902)

Für die Technik des Abzugangriffes sind die beiden folgenden Stellungen besonders lehrreich.

Formanek

229

Aulicky (am Zuge)
(Fernpartie, CSR 1954)

1. Lf6!! — und Schwarz gab auf.

de Moura

230

Blau (am Zuge)
(Fernschach-Länderkampf Schweiz-Spanien 1954)

1. Lb7!! — und Schwarz gab auf.

Wir glauben, daß diese Stellungen auch ohne nähere Erläuterungen verständlich sind. Studieren Sie sie bitte genau und prägen Sie sich ihr Motiv gut ein.

Wir kommen nun zu Abzugangriffen, bei denen die abziehende Figur einer anderen, der sie im Wege steht, den Weg räumt. Ein aufmerksamer Leser wird vielleicht einwenden, daß die Weg-Räumung auch bei den bisherigen Beispielen der Inhalt des Abzugangriffes war. Gewiß, aber wir haben jetzt Stellungen im Auge, bei denen ein sofortiges Matt möglich wäre, wenn nicht eine eigene Figur als Störenfried die Linie des mattgebenden Steines verstellen würde. Einer solchen „Desperado"-Figur steht sozusagen das ganze Brett offen; — denn was schadet es ihrer Partei, wenn sie verlorengeht: der durch ihren Abzug freiwerdende Stein setzt ja Matt! Das hier geschilderte Motiv bedeutet eine scharfe Waffe im Kombinationskampf.

Schmitt

231

K. Richter (am Zuge)
(Kongreß Berlin 1928)

Mit **1. Seg5** drohte Weiß Lh7:†, aber auch Le4. Schwarz deckte mit **1. . . . . Sd6** die letzte Drohung und ließ — als kleineres Übel! — Lh7:† zu. Aber Weiß erkannte, daß Dh7:†, Kf8, Dh8‡ entschieden stärker wäre als der simple Bauernraub Lh7:†. Der Ld3 stört also, er ist im Wege. Der Abzug **2. Lc4!** erweist sich daher als das Richtige; nun droht Dh7:† usw., aber gleichzeitig ist die schwarze Dame angegriffen. Da gibt es nichts mehr zu retten.

Freymann

232

Löwenfisch (am Zuge)
(Gespielt in Leningrad 1925)

Bei der Abseitsstellung der schwarzen Dame verspricht der weiße Angriff am Königsflügel vollen Erfolg. Weiß setzte zunächst im Opferstile fort: **1. Lh6: gh6: 2. Th6:† Kg7** und nun könnte Dg6 mattsetzen, wenn nicht . . . . ja, wenn nicht der Le4 auf der gleichen Diagonalen stände. Er muß also seiner Dame den Weg freigeben, und tut das natürlich auf die bestmögliche Weise: **3. Lb7!!.** Schwarz gab auf, denn nur durch Hergabe der Dame wäre sein König vorübergehend zu retten.

(233) Schwarz ist am Zuge und sollte nun die Diagonale c1—h6 mit g6—g5 abschließen. Er sah aber keine

Dr. E. Meyer (am Zuge)

233 

Deschauer
(Deutsche Fernschach-Meisterschaft 1952/53)

Gefahr und spielte **1. .... Le7?** Wenn nun der Le3 nicht wäre, könnte Weiß mit 2. Sg6:†! hg6: 3. Dh6 mattsetzen (man beachte die Fernwirkung des La2!). Dies bringt uns auf den „Desperadozug" **2. La7!!**, der Schwarz zur Kapitulation zwang.

Vom Abzugschach und Doppelschach

Die Kraft des Abzugangriffes verstärkt sich noch, wenn die durch den abziehenden Stein freiwerdende Figur dem feindlichen König Schach bietet: das sogen. Abzugschach. Wir wollen hierunter auch solche Abzugangriffe rechnen, bei denen die abziehende Figur Schach bietet und dadurch dem Angriff der freiwerdenden Figur ganz anderen Nachdruck verleiht. Ein eigentliches „Abzugschach" ist es ja freilich nicht.

Dagegen kann das „Doppelschach", der Ausdruck höchster Energie im Schachspiel, stets nur ein Abzugschach sein. Aus diesem Grunde kann es auch fast nie von zwei gleichartigen Steinen gegeben werden (außer bei Bauernumwandlungs-Witzen*).

Wir untersuchen zunächst Stellungen, bei denen es darauf ankommt, daß die durch den Abzug freiwerdende Figur Schach bietet.

Ing. Koutny

234 

Dr. Aljechin (am Zuge)
(Simultanspiel in Prag 1933)

Der schwarze König wird von einer Übermacht von Figuren angegriffen; da stellen sich Kombinati-

---

*) Auf eine kuriose Ausnahme macht die englische Schachzeitschrift „Chess" ihre Leser aufmerksam. Hier

gibt es nach 1. .... d5 2. ed6: e. p.† ein Doppelschach der beiden Damen, nur möglich durch die Regel vom en-passant-Schlagen des Bauern. Mit zwei Türmen ist keine derartige Stellung denkbar.

onen fast von selbst ein. Weiß zog elegant **1. Dh5†!**, um den König in ein tödliches Abzugschach zu locken (Kh5: 2. Sf7† Kg4 3. Sh6‡). Schwarz konnte zwar mit **1. .... Kg7** ausweichen, doch folgte nun einfach **2. Dh7† Kf8 3. Dg6:** und Weiß gewann. Man muß nicht nur „schön" spielen, sondern auch — „brutal" gewinnen können!

Dr. Engel (am Zuge)

235

J. Lange
(Gespielt in Leipzig 1949)

1. .... Df7? (Kh8!) erwies sich nach **2. Te7!!** als entscheidender Fehler: 2. .... Dd5: 3. Tg7:† Kh8 4. Tg5† führt zum Matt. Das entscheidende Abzugschach — in dieser Form eine elementare Wendung.

Colle (am Zuge)

236

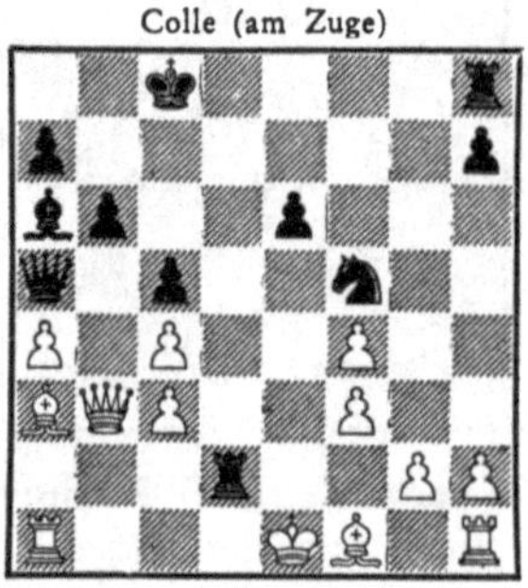

Sämisch
(Meisterturnier Frankfurt a. M. 1930)

Der weiße König mitten auf dem Brett, der feindliche Turm auf der zweiten Reihe, schlecht entwickelter weißer Königsflügel, all dies läßt für Weiß nichts Günstiges erhoffen. Mit **1. .... Sd4!** (die Sehnsucht nach dem Abzugschach!) erreichte Schwarz die siegbringende Linienöffnung, denn **2. cd4:** ist erzwungen (Db1, Dc3:). Nun kann der Td2 ein Abzugschach geben, aber wohin soll er ziehen? Die „fetteste Beute" zu erjagen (2. .... Tb2†) empfiehlt sich nicht, da Weiß die starke Antwort 3. Lb4!! hat. Viel besser ist **2. .... Ta2†** mit Angriff auf den Ta1. Nun nützt Weiß 3. Lb4 nichts mehr, nach 3. .... Db4:† 4. Db4: Ta1:† nebst 5. .... cb4: hat Schwarz einen ganzen Turm gewonnen. Wie so oft im Schach bedeutet hier weniger mehr.

Wir können es bei diesen Beispielen bewenden lassen, denn wir haben schon bei früherer Gelegenheit so manches Abzugschach gesehen.

Etwas mehr Platz wollen wir den Abzugangriffen einräumen, bei denen die abziehende Figur Schach bietet.

Schories

237

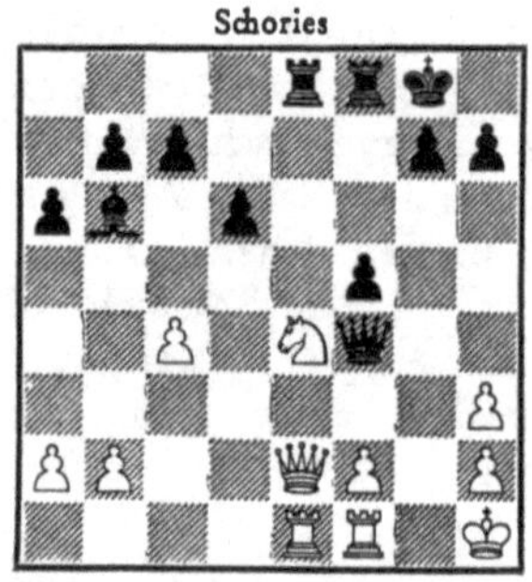

Rock (Wallerfangen) (am Zuge)
(Simultanspiel in Saarlouis 1931)

Mit **1. Sf6†!** machte der Springer der Dame (nebst Turm) Platz, **1. .... gf6:** ist erzwungen. Nun aber wird mit **2. Tg1†** der feindliche König nach **h8** getrieben (Kf7 Dh5‡) und mit **3. De8:** materielles Übergewicht hergestellt (denn 3. .... Te8: scheitert an 4. Te8:‡, und auch 3. .... Df3† 4. Tg2 Dg2:† 5. Kg2 Te8: 6. Te8:† läßt Weiß in entscheidendem Vorteil).

Der letzte Zug von Schwarz, f7—f5, war der Fehler, der die Partie verlor. Er hatte den folgenden Abzugangriff unterschätzt.

Kipke (am Zuge)

238

N. N.
(Gespielt in Berlin 1931)

Weiß hat einen Bauernsturm am Damenflügel eingeleitet, noch ehe seine Entwicklung auch nur annähernd in Ordnung war. So kann man kein Mitleid mit ihm haben, wenn bereits jetzt die Katastrophe über ihn hereinbricht: **1. .... Sf2:! 2. Kf2: Lg3†!.** Abzugangriff mit Schachgebot! Weiß gab auf, denn seine Dame geht verloren. Ein typischer Fall, der nun in origineller Weise doppelt gesetzt auftritt.

Weiß fand in Stellung 239 nichts Besseres, als mit dem Sb5 nach c3 zurückzukehren. **1. Sc3.** Den Bd4 glaubte er durch das Abzugschach des Ld3 genügend gesichert (wer unter uns kennt diese Wendung nicht?). Aber es erwies sich wieder einmal, daß man sich im Schach nicht

L. Schmid

239

Gligoric (am Zuge)
(Weihnachtsturnier, Hastings 1951)

allein auf Gedächtnis und Erfahrung stützen darf, sondern jede Stellung genau durchdenken muß. Zur nicht geringen Überraschung von Weiß folgte nämlich doch **1. .... Sd4:!! 2. Sd4: Dd4:,** und nun erkannte Weiß die Tücke: 3. Lg6†? hg6: 4. Dd4: Lh2:†! 5. Kh1 Le5†; Schwarz holt sich die Dame mit einem ähnlichen Abzugschach zurück — eine gelungene Revanche! Weiß zog deshalb **3. h3,** es folgte **Db6 4. Le3 Db2: 5. Ld4 Da3 6. Lf6: gf6: 7. Dh5† Kd8.** Jetzt sah Weiß seine letzte Chance in dem Figurenopfer auf d5. *Lothar Schmid* konnte später die Partie mehrfach gewinnen, spielte aber ungenau und erzielte nur Re-

Lutikow (am Zuge)

240

Tschechower
(Gespielt in Leningrad 1951)

mis. Trotzdem eine für das Thema sehr charakteristische Episode.

(240) Mitunter kann man den König auch durch ein vorbereitendes Opfer in ein Abzugschach locken: **1. .... Th2:†! 2. Kh2: Dh6† 3. Kg1 Ld4:†** erzwang wieder einmal Damengewinn; es folgt 4. .... Da6:.

Meck (am Zuge)

241

Fackler
(Gespielt in Basel 1933)

Weiß ist schlecht entwickelt, die schwarzen Figuren sind in sein Spiel eingedrungen, sein König steht unsicher. Schwarz erlangte durch eine hübsche Abzug-Kombination materiellen Vorteil: **1. .... Dg5:! 2. Dg5: Le3:†** und wie der weiße König auch zieht, durch Abzug des Tf4 mit Schachgebot holt sich Schwarz seine geopferte Dame zurück. Am besten geschieht noch **3. Kd1,** aber nach **Tf1:† 4. Tf1: Lg5:** hat Schwarz zwei Figuren für einen Turm und gewinnt leicht.

Wechsler

242

Gudju (am Zuge)
(Gespielt in Bukarest 1923)

(242) Weiß warf mit **1. Lf2** seinem Gegner eine Lockspeise hin (Bh2), die dieser auch wirklich nahm: **1. .... Dh2:?.** Nun aber zeigte sich, weswegen Weiß den Bauer hergegeben hatte: **2. Tb8† Kd7 3. Td8†!.** Die Pointe! Auf Kc7 oder Kd8: folgt Abzug des Lf2 mit Schach (Lb6†) und Schwarz verliert seine Dame; geht der König aber nach e6, setzt ihn Td6 matt. Der Bauer war also vergiftet. Dabei hätte doch der 1. Zug von Weiß, der den Bauern so offensichtlich einstellte, den Gegner stutzig machen sollen! —

Und nun kommen wir zur Krone des Abzugangriffes, zum Doppelschach. Für den bedauernswerten König, der dabei von zwei feindlichen Figuren zu gleicher Zeit angegriffen wird, gibt es nur eine Rettung: schleunigste Flucht.

Winter

243

Tylor (am Zuge)
(Weihnachtsturnier Hastings 1933)

Schwarz hatte soeben auf c1 getauscht in der Annahme, der Gegner würde wiedernehmen. Hierin wurde er aber bitter enttäuscht: mit **1. Dh7† Kf8 2. Dh8† Ke7 3. Sf5†! ef5:**

4. Lc5‡ erzielte Weiß ein hübsches Matt durch Doppelabzugschach. Obwohl solche Kombinationen leicht zu finden sind, verfehlen sie doch fast nie ihre Wirkung auf den Nachspielenden.

N. N.

244

G. Salvioli (am Zuge)
(Gespielt in Mailand 1915)

Weiß kann sich hier, pochend auf ein Doppelschach, ebenfalls erlauben, die Dame zu opfern (übrigens wieder einmal ein Fall, wo Schwarz es versäumt hat, rechtzeitig zu rochieren). **1. Se4:! Ld2: 2. Sf6:†.** Das vernichtende Doppelschach! **2. .... Kf8 3. Ld6†!.** Ablenkung der Dame. **3. .... Dd6: 4. Te8‡.** —

Der König mitten auf dem Brette ist überhaupt leicht solchen Überfällen ausgesetzt; wir wollen uns daher immer wieder die Mahnung einprägen: erst rochieren, und dann angreifen. Wie machen es aber viele Schachspieler? Mit zwei oder drei Figuren suchen sie den Gegner zu überrennen. Das scheitert aber meist, und der Gegenangriff findet bei der übrigen unentwickelten Stellung dann wenig Widerstand. Wohl ist der „Kampf" das Hauptelement des Schachspiels, aber auch er hat seine eigenen Gesetze.

Marshall

245

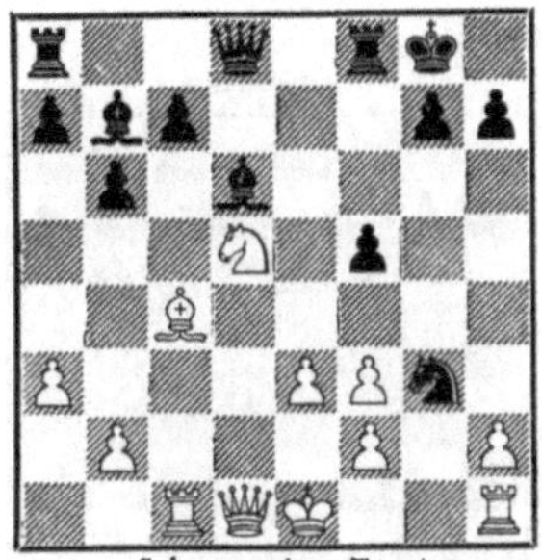

Johnston (am Zuge)
(Gespielt 1899 in Chikago)

Schwarz glaubte, das Doppelschach nicht fürchten zu müssen, da er zunächst selbst auf g3 eine Figur genommen und dabei den Th1 bedroht hat. Ähnlich wie in Nr. 243 nahm aber Weiß auf g3 nicht sofort wieder, sondern erzwang wie folgt das Matt: **1. Se7†! Kh8 2. Sg6† hg6: 3. hg3:† Dh4 4. Th4:‡.** Ein Mattbild, wie wir es bei Erläuterung der Diagramme 8 und folgender bereits kennen gelernt haben.

Aljechin

246

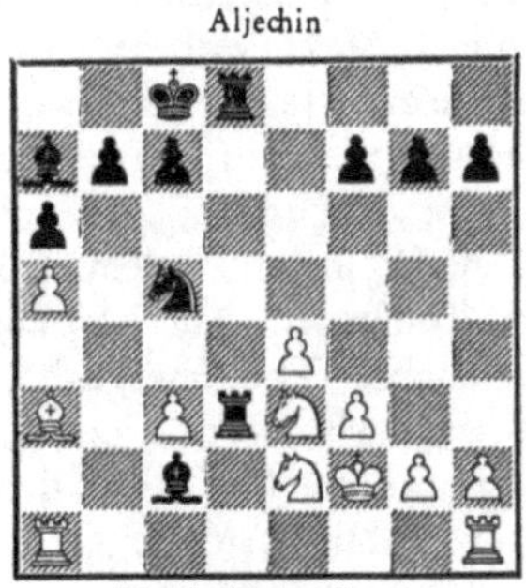

Werlinski (am Zuge)
(Gespielt in Petersburg 1909)

Weiß schlug den Lc2, weil er, wie in Nr. 245, das Doppelschach nicht fürchtete — sehr zu Unrecht indessen. Auf **1. Sc2:** setzte ihn Schwarz mit **1. .... Se4:† 2. Ke1 Td1† 3. Td1: Lf2† 4. Kf1 Td1:† 5. Se1 Te1:** matt.

Weiß hatte nicht weit genug gerechnet!

Hochstrasser

247 

Dr. R. Blass (am Zuge)
(Gespielt in Zürich 1933)

Eine originelle Situation. Weiß kann mit 1. Tc6:† die Dame gewinnen, aber nach Kh8 darf er sie nicht nehmen, denn ihm selbst droht Tf1‡. Aus dem gleichen Grunde kann Schwarz auf 1. Tg6:† auch cd5:! antworten. Weiß möchte aber doch zu gern den Abzug wirksam werden lassen. Wie macht er das? Indem er die f-Linie schließt und damit die Drohung Tf1‡ beseitigt. Er erreicht dies mit **1. Sf6†!**, wobei ein Doppelschach als Grundlage der Kombination auftritt: Schwarz ist zu **gf6:** gezwungen, denn auf Tf6: setzt Weiß ihn mit dem Doppelschach Te8 matt. Auf Kf7 aber ist Tc6:† nebst Tb6: möglich, denn Tf1‡ ist verhindert. Nach 1. .... gf6: verzichtete Weiß auf den Damengewinn und spielte direkt auf Matt: **2. Te7† Tf7.** Sonst kommt Dh7:‡. **3. Tf7: Sf8.** Verzweiflung! **4. Tg7†.** Auch Tf8:† führte zum Matt, sogar noch einen Zug schneller. **4. .... Kg7: 5. Df7† Kh8 6. Dg8‡.**

In 248 suchen sich beide Gegner mit Abzug- und Doppelschach-Kombi-

Benzinger

248 

Dr. Steinbrecher (am Zuge)
(Gespielt in München 1929)

nationen zu überlisten, und so ergibt sich ein recht unterhaltendes Spiel. Auf **1. Tad1 Dc6 2. De7: Tae8 3. Dh4** kam **Te4:**, denn um zu dieser anscheinend tödlichen Abzugschachdrohung zu kommen, hatte Schwarz den Se7 geopfert. Aber Weiß hat ebenfalls ein Abzugschach, und sogar ein Doppelschach in petto, und er gelangt dazu mit einem Damenopfer: **4. Dh6:†! gh6: 5. g7† Kh7 6. gf8: S†!** Ein Springer muß es sein! **6. .... Kh8 7. Tg8‡.** — Wer andern eine Grube gräbt ......!

Der nun folgenden Kombination wurde von den begeisterten Zeitgenossen der Ehrentitel: „Die dämonische Kombination" verliehen. Sie ist auch wirklich sehr schön und hat

Winawer

249 

J. Mason (am Zuge)
(Turnier zu Wien 1882)

bis heute nichts von ihrem Reiz eingebüßt.

Zunächst ein Durchbruchsopfer, um mit der Dame zum Angriff auf den sehr gefährdet stehenden schwarzen König zu kommen. **1. Tg5:! hg5: 2. Dh7† Sd7.** Auf Kd8 hat Weiß verschiedene starke Fortsetzungen, z. B. 2. .... Kd8 3. Dh8† Ke7 (Kc7 Dg7†!) 4. Dg7† Tf7 5. f6† usw. **3. Ld7:! Dg8.** Schwarz sucht dem Abzugschach zu entgehen, indem er die weiße Dame unter Angriff setzt. Dd7: durfte er nicht spielen wegen 4. Tc4†! Kd8 5. Dh8† Ke7 6. Db8: mit vernichtendem Angriff. Aber nun kommt ein zweites, diesmal völlig unerwartetes Turmopfer **4. Tb7†!!,** um die Bedrohung des schwarzen Königs mit Doppelschach zu erzielen. **4. .... Kb7:** Tb7: würde sofort die Dame preisgeben. **5. Lc8†!.** Der Witz der ganzen Kombination: mit Doppelschach unterbricht Weiß die Deckungslinie des Tb8 zur Dg8, und ob Schwarz nun Ka8 oder Kc8: zieht, Weiß schlägt die Dg8 und gewinnt leicht.

Eine Glosse

Kombinieren heißt verlieren,
Sagen die bequemen Leute.
Denn sie wollen nichts riskieren,
Und den Geist nicht strapazieren . . .
. . . Machen lieber fette Beute.

„Ich weiß“

Capablanca, einmal bei einer Simultanvorstellung gefragt, woher er denn Zeit und Muße nähme, alle Verwicklungen und Varianten in den Simultanpartien zu durchdenken, antwortete lächelnd: „Ich habe es nicht nötig, zu denken. Ich weiß.“

III. Kraft und Wirkung der Züge

Tempogewinne. Besonderheiten der Zugfolge

Weiß zieht, Schwarz zieht, Weiß zieht, Schwarz zieht — das ist des Schachspiels ewig gleichgestellte Uhr. Ein Zug ist also wie der andere, kann da überhaupt von Kraft und Wirkung der Züge gesprochen werden? Schließlich ist es doch die Figur, welche wirkt, und nicht der von ihr ausgeführte Zug. Oder!? Sprechen wir nicht vom „Meisterzug", und meinen damit einen guten, oder vom „Stümperzug", und meinen damit einen schlechten Zug? Wir erkennen: die Figur wirkt ja nicht durch ihr bloßes Dasein, sondern durch den Zug, den ein Spieler mit ihr ausführt oder auszuführen droht. Und so haben wir bereits eine große Anzahl starker, schöner und eleganter Züge im bisherigen Teil des Buch gesehen, aber auch ihr Gegenteil, den schwachen, fehlerhaften, den „Patzerzug" kennengelernt.

Nicht davon soll hier die Rede sein. Wir wollen hier nur zeigen, daß Kombinationen auch darauf ausgehen können, dem Gegner die Zeit zu guten Verteidigungszügen zu nehmen, oder aber, ihm durch überraschende Unterbrechung der erwarteten alltäglichen Zugfolge ein Schnippchen zu schlagen. Vergessen wir ferner nicht, daß das Zugrecht auch Zugpflicht ist und zum Zugzwang werden kann. Freilich wird letzterer erst im Endspiel recht wirksam, während im Mittelspiel die Nachteile, die aus der Zugpflicht entstehen können, nur selten zur Geltung kommen.

Was ist ein Tempogewinn?

Die Antwort kann eigentlich nur lauten: Ein Tempo gewinnt der, der zur Erreichung eines bestimmten Zieles einen Zug spart. Aber im Endspiel ist die Sache meist ganz anders: hier gewinnt, so paradox es klingt, oft der ein Tempo, der einen Zug verliert. Das hängt mit dem Begriff „Zugzwang" eng zusammen; um den Gegner aus einer günstigen Stellung herauszumanövrieren, muß der „Vorteil des Anzuges" auf ihn übertragen werden. Denn was in der Eröffnung und im Mittelspiel ein Segen ist, nämlich am Zuge zu sein, kann im Endspiel zum Fluch werden. Ein ganz einfaches Beispiel des Zugzwanges: Schwarz am Zuge muß sich mit 1. . . . . h3—h2 den letzten Ausweg verstellen und Weiß setzt mit 2. Sg3 matt. Wäre in dieser

Stellung aber Weiß am Zuge, bliebe der Kampf unentschieden. Wie man im Endspiel mitunter die Zugpflicht

auf den Gegner abwälzt, zeigt nebenstehende Stellung ganz klar: mit 1. Kd4? würde Weiß verlieren, denn nach 1. .... Kb3 müßte er die Deckung des Bc3 aufgeben. Aber mit 1. Kd5! gewinnt er, denn nach 1. .... Kb3 2. Kd4! hat Weiß das entscheidende Tempo gewonnen: der Gegner ist am Zuge und muß den Bc4 fahren lassen. Mit einem Springer freilich läßt sich kein Tempo gewinnen; wenn in nebenstehender Stellung z. B.

Weiß am Zuge ist, gibt es kein Mittel, den schwarzen König von den Feldern f7 und f8 zu vertreiben, der Springer mag herumspringen, soviel er will. Das kommt daher, daß der Springer mit jedem Zug die Farbe ändern muß, was ihm der schwarze König einfach nachmacht. Hier wird das Zugrecht zum Zugzwang: wer ziehen muß, erleidet Schaden.

Aus diesen Ausführungen erhellt, daß ein Tempogewinn im Mittelspiel anderer Art sein muß. Zwar gibt es auch hier Beispiele schönen Zugzwanges, bei denen der Gegner so hilflos blockiert ist, daß er ohne Nachteil keine Figur ziehen kann und sein Partner nur einen Tempozug (abwartenden Zug) zu machen braucht, um zu gewinnen. Aber solche Stellungen sind bei der Vielheit der Figuren und der Vielgestaltigkeit der Kombinationen doch verhältnismäßig selten. Zwei Beispiele sollen aber hier folgen:

Nimzowitsch (am Zuge)

250

Dr. Aljechin
(Meisterturnier San Remo 1930)

Schwarz befindet sich in tödlichem Zugzwang, wie der letzte Zug von Weiß (h2—h4!) sehr schön demonstrierte. Abgesehen von den Bauernzügen, die sich ja bald erschöpfen müssen, kann er keine Figur ohne Nachteil ziehen (auf z. B. 1. .... De8 käme 2. b5!). —

Die nachstehende drollige Episode ereignete sich in einer Damenvorgabepartie etwa um die Jahrhundertwende.

N. N. (am Zuge)

251

Dr. J. Perlis

Dr. *Perlis* bereicherte hier die Schachliteratur um ein nicht bald zu übertreffendes Unikum: nach 1. ....

Sh3 2. Lh3: Dh3:†?? (2. .... gh3: oder 2..... Dh1† war richtig) fragte Schwarz: „Sie geben wohl auf?" Dr. *Perlis* aber zog ruhig **3. Kg1!!** und antwortete: „Bedauere sehr, aber Sie werden Matt!" Schier unglaublich, aber das Wunder bringt der Zugzwang zustande. Ob Schwarz erst die Dame opfert oder nicht, einmal muß er den b-Bauern ziehen, dann schlägt ihn der weiße a-Bauer, verwandelt sich und setzt Matt.

Aber, wie gesagt, solche Stellungen sind im Mittelspiel „rar". Wir verstehen im Mittelspiel unter „Tempogewinn" etwas anderes: nämlich die Kunst, dem Gegner die Zeit zu nehmen, einen guten Verteidigungszug oder einen starken Angriffszug zu machen. Wir wollen das Gesetz des Handelns diktieren!

Aber ist das nicht der Sinn einer jeden Kombination? Und so ist es in der Tat: jede Kombination erstrebt Tempogewinn, jede Kombination zielt darauf hin, an einem bestimmten Punkte mit bestimmten Figuren zuerst zu sein, ehe der Gegner Gelegenheit findet, auch seine Truppen dorthin zu werfen bzw. seine bedrohten Figuren durch Rückzug zu retten. Tempo, Tempo, heißt es im Mittelspiel; wer zuerst kommt, mahlt zuerst. Obwohl also jede Kombination hierfür als Beispiel gelten kann, soll noch eine Anzahl Stellungen folgen, die dieses Prinzip sehr klar zum Ausdruck bringen.

In 252 scheint Weiß sogar bedroht zu sein, denn zieht die angegriffene Dh4, hängt der Tf6. Aber Weiß hat

Winter

252

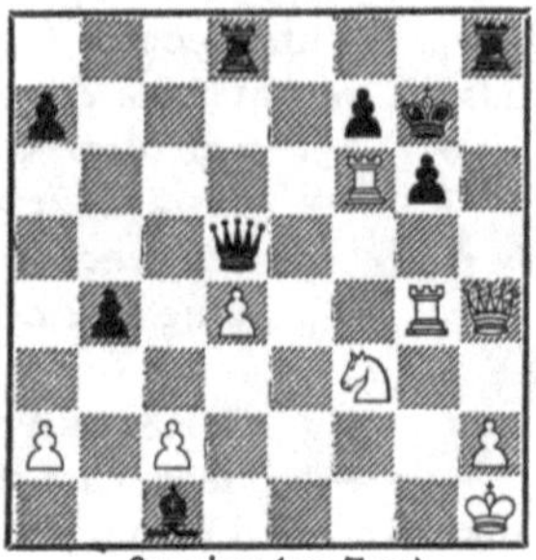

Saunders (am Zuge)
(Gespielt in London 1934)

das Tempo, und er nutzt es aus: **1. Tfg6:†! fg6: 2. De7† Df7.** Sonst wird's matt, wie leicht zu sehen. **3. Tg6:†!.** Nur den Gegner nicht zur Besinnung kommen lassen! **3. .... Kg6: 4. Se5†!** und gewinnt die Dame.

Capablanca (am Zuge)

253

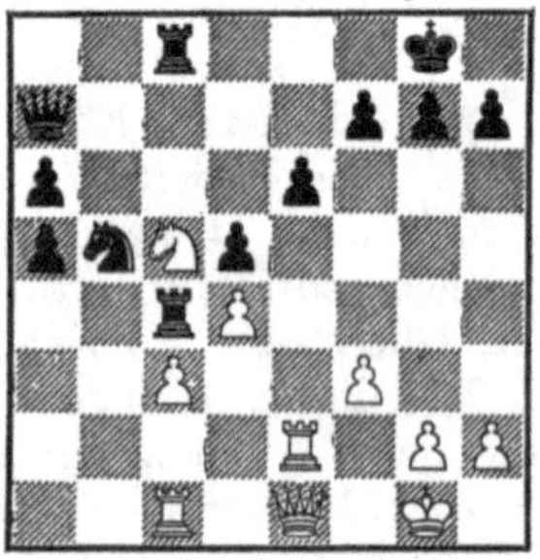

Bogoljubow
(Meisterturnier New York 1924)

Schwarz ist im Vorteil, aber ihm droht ein Opfer auf e6. Soll er sich dagegen verteidigen? Nur keine Zeit verlieren! Der weiße König steht in der Diagonalen der schwarzen Dame, die Gelegenheit ist günstig: **1. .... Sd4:! 2. cd4: T8c5:!.** Weiß gab auf. Warum? Weil nach 3. dc5: Dc5:† Schwarz durch das Schachgebot das entscheidende Tempo gewinnt zum doppelten Angriff auf den Tc1. Da dc5: also nicht geht, muß Weiß Tc4: spielen und Schwarz gewinnt mit seiner Bauernübermacht leicht.

Kortschmar (am Zuge)

254

Kotow
(Mannschaftskampf, Tula 1951)

Schwarz mochte sich nicht auf 1. .... d5 2. Ld3 Lc4: 3. Lh7:† Kh8 einlassen. Er zog statt dessen **1. .... Df2?**, um den Le2 an seinen Platz zu ketten (2. Ld3? Te1†). Aber wenn der Läufer nun mit Schach wegzieht!? Das bringt auf die Tempogewinn-Idee **2. Dh7:†! Kh7: 3. Ld3† Kg8 4. Tf2:**, und Weiß siegte im Endspiel.

Wir erinnern uns dabei an die nachstehende berühmte Partiestellung, in der eine ähnliche Kombination nicht gesehen wurde:

Rubinstein (am Zuge)

255

Spielmann
(Internat. Turnier Berlin 1928)

Allerdings — geben wir es zu — war die Sache hier etwas verzwickter. In der Partie geschah (auf den letzten weißen Zug 1. Ld5—f7) **1. .... Tf8? 2. Dh5 h6.** (Es drohte wieder einmal das Damenopfer auf h7.) **3. Dg6 Dd6 4. Ld5 Td7 5. Le4,** und Schwarz gab auf.

„Niemand als Herr *Keidanski* sah", so hieß es später in der damaligen Schachpresse, „daß *Rubinstein* mit 1. .... Dh2†!! 2. Kh2: Ld6† das Spiel ausgleichen konnte. Denn auch mit 3. Te5 Te5:!! erreicht Weiß nichts, da seine Dame sich dem Abzugschach nicht zu entziehen vermag." Problemartig, nicht wahr, und Herr *Keidanski* war ja nicht umsonst Problemkomponist...

Gumprich (am Zuge)

256

H.
(Gespielt in Berlin 1931)

Beide Teile im Angriff; da gewinnt der, dem es gelingt, das Tempo vorzuschreiben. Das war in diesem Falle Schwarz. Mit **1. .... Tg3:!** nahm er dem Gegner die Möglichkeit, sich ausreichend zu verteidigen (denn Kg3: Dg4† bzw. fg3: Dc2† führen schnurstracks ins Verderben), und auch die Zeit, einen Gegenangriff zu unternehmen (es droht Dh3‡). 1. .... Tg3: erwies sich also als ein sofort entscheidender Zug.

257

N. N.

Ahues (am Zuge)
(Gespielt in Berlin 1934)

258

Steneberg

Ahues (am Zuge)
(Gespielt in Berlin 1930)

Weiß hat eine aussichtsreiche Angriffsstellung, aber Schwarz droht Dg5: und schließlich auch Th8 mit Entlastung, zumal Weiß noch nicht lang rochiert und den andern Turm in Reserve hat. Allein er ließ dem Gegner keine Zeit zu wirksamen Verteidigungsmaßnahmen; mit **1. Th7†!** kam der richtige Schwung in den Angriff; es folgte **1. .... Kg8** (Kh7: 2. Dh5† nebst 3. Sg6:! usw.) **2. Dg4!.** Weiß hat geschickt sowohl Dg5: als auch Th8 verhindert und gegen die Wegnahme des Bd4 eine hübsche Schlußkombination in Bereitschaft. **2. .... Dd4:.** Da Kh7: wie oben angegeben scheitert, Dh4 aber droht, gibt es keine Rettung mehr. **3. Sg6:!!.** Ein hübscher Abzugangriff! **3. .... Dg4: 4. Se7:‡.** Wieder einmal die offene Turmlinie und die Bedeutung der 7. Reihe!

Dr. *H. Staudte* hat herausgefunden, daß Weiß auch mit 1. Dh5! gh5: (1. .... Th8 2. Se6:†!) 2. Sh5:† Kg8 3. Sf6† Df6: 4. gf6: (oder auch erst Lh7†) gewinnen kann. Der Mattangriff von Weiß muß immer entscheiden. Also „nebenlösig"; ein Zeichen dafür, wie stark die offene Turmlinie für Weiß hier bereits ist.

Wieder eine Stellung von Meister *Ahues*, der ja auch in ganz besonderem Maße die Kunst beherrscht, in kombinationsreichen Stellungen das Tempo zu diktieren.

Ein Blick auf das Brett läßt uns sofort den weißen Stellungsvorteil erkennen: geschwächte schwarze Königsstellung, fernwirkende weiße Läufer. Verfehlt wäre es aber, sofort loszuschlagen; mit 1. Lf6: Lf6: 2. Dh7† Kf7! ist nichts zu erreichen. Weiß suchte daher den Angriff dadurch zu verstärken, daß er seinem Turm eine Linie öffnete. **1. e4 de4: 2. Le4: Da5.** Falls 2. Se4:, so Dg7:‡. Der Textzug soll Td7 verhindern, denn darauf würde De1† kommen. Aber er stellt die schwarze Dame abseits. **3. g3 Td8.** Schwarz sucht durch Abtausch der Türme Erleichterung. Weiß kümmert sich aber nicht um seinen einstehenden Turm, er benutzt das Tempo, die Entscheidung herbeizuführen. **4. Lf6:!! Td1:†** Auf Lf6: kann 5. Td7! geschehen, denn Td7:? geht nicht wegen 6. De8‡. **5. Kg2 Lf8** Oder 5. Lf6:, De8‡. **6. Lg7:!.** Rücksichtslose Verfolgung des auf der Flucht befindlichen Gegners. **6. .... Lg7: 7. De6:†!.** Aha! Die schwarze Dame fehlt jetzt auf b6!. **7. .... Kf8.** Falls Kh8, so De8†, Lf8, Df8:‡. **8. Lg6** und beide Mattfelder (f7, e8) vermag Schwarz nicht mehr zu schützen.

von Hennig (am Zuge)

259

Machate
(Meisterturnier Swinemünde 1933)

Wieder einmal Angriff und Gegenangriff, da heißt es also: Wer zuerst kommt....! Aber — er muß auch von der richtigen Seite kommen! Schwarz am Zuge suchte mit **1. .... Tb1** das Tempo auszunutzen; richtig war aber 1. .... Tg8!, was einesteils den Angriff unterstützt, aber auch der Verteidigung nützt. Mit **2. Tg2!!** parierte Weiß und gewann sogar das entscheidende Tempo zur Einleitung seines Angriffs. Er durfte natürlich nicht 2. Dh5 spielen wegen Th1† 3. Kg3 Dc3:† usw. Auf **2. .... Lg2:** aber kam **3. Dh5!,** denn Th1† ist nun wegen 4. Kg2: ein Schlag ins Wasser. Auch Df8 verteidigt nicht wegen 4. Df5:† Kg8 5. Dg6†. Schwarz versuchte noch mit 3. .... Th1† 4. Kg2: Da2:† 5. Kh1: Db1† ewiges Schach zu geben, drang damit aber nicht durch. — Ein prickelnder Kampf um die beiden Läuferdiagonalen!

Schlömer (am Zuge)

260

Rosengarten
(Gespielt in Solingen 1934)

Schwarz ist sehr bedroht; er kann sich zwar eine Dame machen, wird dann aber matt. Der Bc2 steht ihm buchstäblich im Wege; ohne ihn würde er selbst zum Mattangriff kommen. Wie gewinnt Schwarz das Tempo, die gleiche Stellung herbeizuführen ohne den Bc2? Es geht auf überraschende und für den „Tempobegriff" sehr einleuchtende Weise: **1. .... Dh1†! 2. Kh1: c1D† 3. Kg2** (Kh2 Tf2:‡) **Dc6†,** und nun muß sich nicht Schwarz, sondern Weiß mattsetzen lassen.

Rellstab

261

E. (am Zuge)
(Gespielt in Berlin 1933)

Weiß spielte **1. Te7** und freute sich bereits des greifbar nahen Sieges, denn wie soll Schwarz das Matt decken? Nun, nach dem Studium der vorhergehenden Kombination wird die Antwort nicht schwer fallen. Mit **1. .... Dh1†! 2. Kh1: Lf3†** eroberte sich Schwarz das Tempo, um seinen Mattangriff durchzuführen, ehe Weiß dazu kam, selbst mattzusetzen. Auf **3. Kg1** folgte **Td1†** nebst ‡.

Einen besonders eigenartigen Fall lernen wir nun kennen.

Mikenas

262

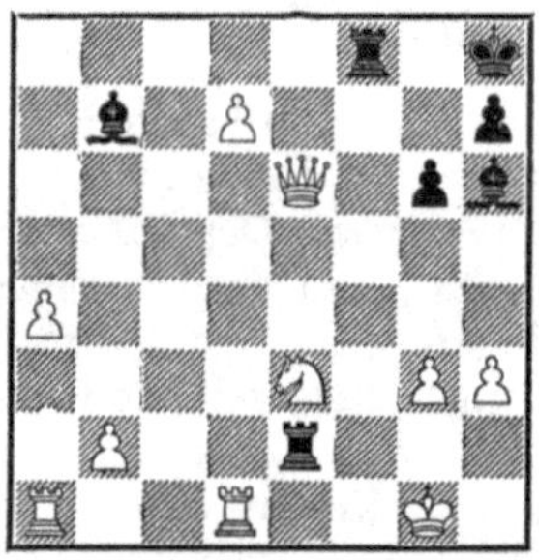

Tolusch (am Zuge)
(XVIII. Meisterschaft UdSSR, Moskau 1951)

Der Gewinn ist für Weiß trotz großen materiellen Übergewichts nicht leicht; so würde z. B. auf 1. d8D folgen: Le3:† 2. De3: Tg2† 3. Kh1 Td2†! mit ewigem Schach. Weiß fand aber ein Kolumbusei, eine Kombination, die den drohend postierten Lh6 zurück nach g7 zwang und so alle Gefahr beseitigte. **1. Df6†!! Tf6: 2. d8D† Tf8 3. Dd4†!** Die Pointe. Wegen Dc4† nebst De2: darf Schwarz nun nicht Kg8 spielen. **3..... Lg7 4. Dd3 Tff2 5. De2:.** Schwarz gab auf (5. .... Te2: 6. Td8†).

(263) Mit **1.....Sd5?** suchte Schwarz eine der beiden lästigen weißen Figuren durch Abtausch loszuwerden. Die Kombination des Textzuges ist eine bekannte Erscheinung in ähnlichen Stellungen des Mittelspiels; sie ist aber beinahe ebenso oft richtig

Behrens (am Zuge)

263

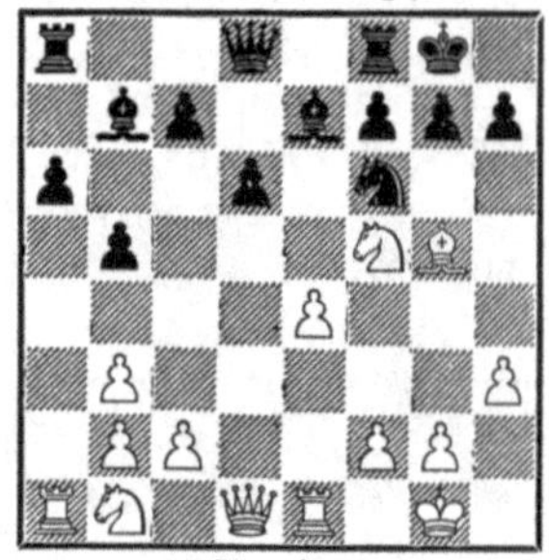

Henning
(Meisterschaft von Kiel 1934)

wie falsch. Deshalb: Vorsicht! Hier z. B. ist sie, wie schon das Fragezeichen andeutet, fehl am Platze. **2. Dd5:!** Das ist die Widerlegung. Weiß gewinnt mit dem Angriff auf den Lb7 das Tempo, das Schwarz daran hindert, auf g5 zu nehmen. Er ist zu **2..... Ld5:** gezwungen. Weiß holte sich nun mit **3. Se7:† Kh8 4. Sg6† fg6: 5. Ld8:** seine Dame zurück und blieb nach **Tad8: 6. ed5:** mit einer Figur mehr. Die Schwierigkeit des Zuges 2. Dd5: bestand nur darin, zu erkennen, daß die Dame zurückgewonnen wird.

Tschigorin

264

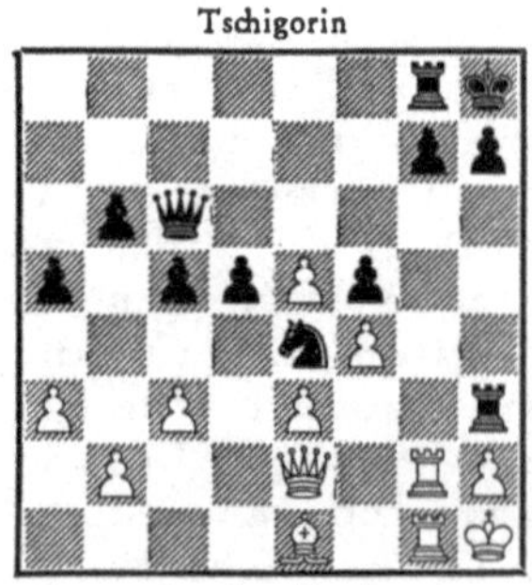

Lee (am Zuge)
(Gespielt in London 1899)

Weiß glaubte, mit der Kombination **1. Tg7: Tg7: 2. Tg7: Kg7:**

3. Dg2† einen Bauern zu gewinnen, aber mit **3. .... Sg3†!** sicherte sich Schwarz das Tempo, das den Th3 rettete. Nach **4. Lg3: Th6** behielt Schwarz also die Qualität mehr.

Die Kombination von Weiß war falsch.

Dr. Lasker

265

Torre (am Zuge)
(Meisterturnier Moskau 1925)

Eine sehr bekannte Stellung. Weiß siegte durch eine Kombination, die einen ständig wiederholten Tempogewinn durch „Auf- und Zumachen" des Abzugschachs zeigt. Sie wird mit Recht

die Zwickmühle

genannt. **1. Lf6! Dh5: 2. Tg7:† Kh8.** Nun grast der Turm erst einmal die 7. Reihe ab; schade, daß nicht mehr zu holen ist als Läufer und Bauer! **3. Tf7:† Kg8 4. Tg7† Kh8 5. Tb7:† Kg8 6. Tg7† Kh8 7. Tg5†.** Auf der g-Reihe steht kein feindlicher Stein, sonst könnte der „entfesselte" Turm die Truppen des Gegners noch mehr dezimieren! **7. .... Kh7 8. Th5: Kg6.** Die Figur gewinnt Schwarz zurück, aber unter den Bauern hat nach **9. Th3 Kf6: 10. Th6:†** der Turm zu sehr gewütet. Weiß gewann leicht.

Das Idealbild der Kombination bringt das folgende Schlußspiel, allerdings leider nur in der Analyse.

Muth

266

L. Schmid (am Zuge)
(Caïssa-Pokal, 1950)

Mit **1. Lc7:** gewann Weiß zwar schließlich auch, aber mit der Besetzung der 7. Reihe hätte Weiß eine glänzende Zwickmühle vorbereiten können: **1. Td7! Ld7: 2. Td7: Da2:.** (2. .... Se5? 3. Dc5†) **3. Df6:†!!** (Nach *Teschner* hätte allerdings auch einfach 3. Lh6 entschieden.) **3. .... gf6: 4. Lh6† Kg8.** Nun holt sich der Turm erst einmal die drei schwarzen Bauern: **5. Tg7†, 6. Tc7:†, 7. Tg7†, 8. Tb7:†, 9. Tg7†, 10. Ta7:†.** Soweit hatte *Schmid* in der Vorausberechnung gesehen, nun aber nicht erkannt, daß nach **10. .... Kg8 11. Lf7†!!** den Kampf elegant beendet: **11. .... Df7: 12. Ta8:† De8 13. Te8:† Kf7 14. Th8:** und gewinnt. Das war gewiß ein unersättlicher Turm!

In dem nachfolgenden Schlußspiel hingegen kam die Zwickmühle wirklich vor — noch dazu in Form einer geschickt gestellten Falle (267).

Schwarz glaubte Zeit zu dem Manöver **1. .... Se4? 2. Dd3 Sg3** zu haben, denn, nicht wahr, der Tf1

Shainswit (am Zuge)

267

Reschewsky
(Internat. Turnier, New York 1951)

darf ja wegen der Gabel e5—e4 nicht nach f3. Und trotzdem folgte **3. Tf3! e4?** Offenbar denkt Schwarz, der Großmeister habe einen groben Fehler gemacht. In Wirklichkeit jedoch .... **4. Tg3:! ed3: 5. Tg7:†** .... bedient sich *Reschewsky* der scharfgeschliffenen Waffe des Abzugschachs. **5. .... Kh8 6. Tf7:†.** Die Zwickmühle wird nun zunächst dazu benutzt, den Bf7 zu beseitigen, damit nicht f7—f6 geschehen kann. **6. .... Kg8 7. Tg7† Kh8 8. Tg3†.** Schwarz gab auf.

Fletcher

268

Dr. Aljechin (am Zuge)
(Simultanvorstellung, London 1928)

Auch der Springer kann unter dem Schutze eines Abzugschachs Verwirrung in die feindlichen Reihen tragen. Weiß erzwang das Matt folgendermaßen: **1. De4: fe4: 2. Le4:† Kh8 3. Sg6†.** Hier haben wir wieder ein Abzugschach, das durch ständiges Auf- und Zumachen (eben wie im Mühlespiel die Zwickmühle) Tempo auf Tempo gewinnt und den Gegner seines freien Willens vollkommen beraubt. **3. .... Kh7 4. Sf8:† Kh8 5. Sg6† Kh7.** Man könnte fast bedauern, daß der emsige Springer nicht noch mehr „reife Früchte" so im Vorbeigehen pflücken kann. Aber ihm winkt bereits ein höheres Ziel: der feindliche König! **6. Se5† Kh8 7. Sf7‡.**

Und hier ein Gegenstück dazu:

Weissinger (am Zuge)

269

Niener
(Gespielt in Karlsruhe 1944)

Nunmehr leicht verständlich: **1. .... De3:! 2. fe3: Sg3† 3. Kh2 Sf1:† 4. Kh1 Sg3† 5. Kh2 Se4† 6. g3 Tf2† 7. Kh1 Sg3:‡.**

Der Springer als Treibkraft!

In diese Gruppe gehören auch diejenigen Kombinationen, die mit

ewigem Schach

enden. Was ist denn das ewige Schach weiter als eine Anhäufung von Tempogewinnen, um den Gegner zu hindern, sein eventuell bestehendes Übergewicht an Position oder Material zur Geltung zu bringen? Es kommt natürlich auch vor, daß in ausgeglichener Stellung das ewige Schach nur das bereits klare Remis besiegelt, aber das ist ja kein Gegenbeweis.

Eine im Mittelspiel nicht seltene Kombination ist die, die feindliche Rochadestellung unter Opfer aufzureißen und dann mit der Dame ewig Schach zu geben, ähnlich wie in nebenstehender Stellung. Aber das tut man natürlich nur, wenn die Fortsetzung des Angriffs keinen Erfolg mehr verspricht. Mitunter werden recht komplizierte Kombinationen gemacht, um zu einem ewigen Schach zu kommen. Wir lassen hier einige überraschende Schlußspiele folgen. Zunächst ein häufiges Motiv.

Vlk

270

Held (am Zuge)
(Gespielt in Halle 1952)

Mit **1. Te8:?** (statt etwa 1. Sg4 oder 1. Sf7:) ließ Weiß ein elementares Dauerschach zu: **1. .... Th1†! 2. Kh1: Dc1† 3. Kh2 Df4†** „usw." — ad infinitum! Sc geht es dem Schachspieler oft, wenn er zu früh zugreift.

Ein sehr eigenartiges ewiges Schach entwickelte sich aus Stellung Nr. 271.

N. N.

271

R. Hoffers (am Zuge)
(Aus einer 1860 gespielten Partie)

Weiß griff mit **1. Tc5** die schwarze Dame an, aber Schwarz kümmerte sich nicht darum, sondern zog **1. .... Sg4!**. Nun war für Weiß guter Rat teuer, denn wie soll er sowohl Dh2:‡ als auch Tf1:‡ decken? Plötzlich hatte er einen glänzenden Einfall: **2. Dg8†!!**. Die Idee ist folgende: nimmt Tf8 die Dame, so ist die Mattdrohung auf f1 beseitigt und Weiß kann ohne Bedenken die Dc7 schlagen. Schlägt Schwarz aber mit dem König, so kann Weiß den Tf8 mit Schachgebot abtauschen und dann ebenfalls die Dc7 einkassieren. Eine typische Tempogewinn-Kombination! Allein Schwarz merkte die Absicht und antwortete **2. .... Kg6**, aber nach **3. De6†** mußte er (wie leicht ersichtlich) wieder zurück: **3. .... Kh7**, und Weiß wiederholte das neckische Spiel: **4. Dg8†!**. Ewiges Schach!

Im Schach ist eben nichts unmöglich! Auch Dr. *Krejcik* konnte einmal ein ähnlich überraschendes Dauerschach anbringen (272).

Schwarz hatte einen Turm geopfert und glaubte nun mit **1. .... hg3:** zu gewinnen. Aber Weiß hat,

Bendiner (am Zuge)

272

Dr. Krejcik
(Gespielt im Wiener Schachklub 1912)

ähnlich dem vorigen Schlußspiel, ein groteskes ewiges Schach: **2. Db8†! Kb6** (sonst Matt oder Turmverlust) **3. Da7†! Kc7** (!) **4. Db8†** usw.

Kieninger

273

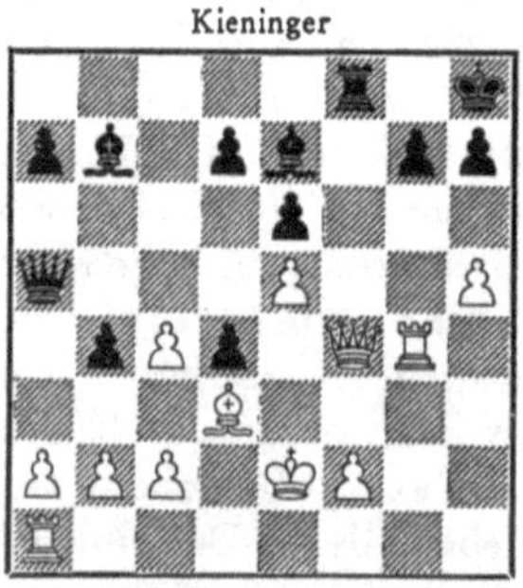

Engels (am Zuge)
(Wettkampf Düsseldorf-Köln 1934)

Weiß scheint verloren zu sein, denn zieht er die Dame, folgt Lf3†. Aber ihm steht eine Kombination zur Verfügung, die das Remis sichert: **1. Tg7:! Tf4:!.** Nicht etwa Kg7:, dann würde Weiß mit Tg1† nebst Dg3 noch zum vernichtenden Mattangriff kommen. Es ist oft nur ein schmaler Weg, den beide Spieler gehen müssen. Jeder Schritt vorbei führt in den Abgrund. **2. Th7:† Kg8 3. Tg1† Kf8 4. Th8† Kf7 5. Lg6†!** und Weiß hält remis durch ewiges Schach, wovon man sich leicht überzeugen kann.

Storojewski (am Zuge)

274

Reicher
(Gespielt in Bukarest 1950)

Schwarz hat entscheidenden Angriff, aber nach **1. .... Ta3?** rettete sich Weiß in ein ewiges Schach: **2. Tc8†! Kc8:** (Lc8:? De7‡) **3. Dc5†** mit Dauerschach. Statt dessen hätte 1. .... Dd3†! 2. Ka2: Db3:† 3. Ka1 Da2‡ in 3 Zügen mattgesetzt. Ja, die Mattbilder!

Ist das ewige Schach also eine Erzwingung des „Unentschieden" durch e w i g e Z u g w i e d e r h o l u n g, so kann man eine Partie auch remis halten durch d r e i m a l i g e s H e r b e i f ü h r e n d e r g l e i c h e n S t e l l u n g. (Wenn sich in einer Partie dreimal die gleiche Stellung mit dem gleichen Gegner am Zuge ereignet, bleibt das Spiel unentschieden.) Im Mittelspiel wird dies ja meist auf

d r e i m a l i g e s W i e d e r h o l e n
d e r Z ü g e

hinauslaufen, denn die Spekulation (Kombination kann man hier wohl nicht sagen) darauf, daß sich dreimal die gleiche Stellung in unregelmäßiger Reihenfolge ereignet, hat am ehesten im Endspiel Aussicht auf Erfolg.

Opocensky

275 

Dr. Vidmar (am Zuge)
(Meisterturnier Sliac 1932)

Hier haben wir eine Stellung, in der beide Parteien dreimal die Züge wiederholten und es auch mußten: Weiß, weil er nicht sofort verlieren, und Schwarz, weil er nicht den Verlust riskieren wollte. **1. Kh1!.** Es drohte Tf1:†!, Kf1:, Td1‡. **1. . . . . De2!.** Schwarz will den Gegner nicht zu h3 nebst Kh2 kommen lassen, die beiden Läufer könnten zu stark werden. **2. Kg1.** Erzwungen. **2. . . . . De3 3. Kh1 De2.** Unentschieden. Keine landläufige Zugwiederholung! Schwarz nahm mit den ständig wiederholten Drohzügen Weiß die Zeit, sein materielles Übergewicht zur Geltung zu bringen. Dem Weißen fehlte das wichtige Tempo h2—h3.

Es sieht so aus, als ob Weiß trotz seiner Mehrfigur verlieren muß, da seine Dame das Matt auf g2 zu dekken hat. Aber **1. Tb5!** scheint den Spieß wieder umzudrehen; noch sind jedoch die Überraschungen nicht zu Ende: **1. . . . . Te8!** droht Matt auf e1, außerdem hängt nun der Tb5. **2. Tb1 Tg8! 3. Tb5!** Erzwungene Zugwiederholung — Remis! Also ein ähnlicher Fall wie eben.

Eine andere und sehr radikale Art, dem Gegner das Tempo zur Fortsetzung des Angriffs oder zur Geltendmachung des Übergewichts zu nehmen, ist

das Patt.

Das Patt unterbricht die Zugfolge automatisch und endgültig. Der Pattgesetzte vermag seiner Zugpflicht nicht mehr zu genügen, infolgedessen kommt auch sein Gegner nicht mehr zum Wort. Die Partie wird, da keiner mehr ziehen kann, als unentschieden abgebrochen. Es liegt klar auf der Hand, daß das Mittelspiel nur ganz selten Gelegenheit zu Pattkombinationen bieten kann. So ist denn auch das Patt mehr ein Hilfsmittel der Verteidigung im Endspiel. Daß trotzdem gelegentlich auch im Mit-

Spengler

276 

Ullrich (am Zuge)
(Gespielt in Berlin 1948)

Kruschwitz

277 

Heinze (am Zuge)
(Gespielt in Grünbach 1951)

telspiel Pattkombinationen möglich sind, werden wir später noch sehen.

(277) Ein einfacher Fall. Nach **1. b7?** (richtig war zunächst der Tausch auf g4) war Weiß nicht wenig überrascht, als nun sein Gegner das Patt erzwang: **1. .... g3†! 2. Dg3: Dg1†! 3. Kg1:** — Patt!

Günther (am Zuge)

278

Giertz
(Fernpartie, gespielt 1943)

„Ein Racheschach!", mag Schwarz zu dem weißen Damenschach auf b6 gemeint haben. Und wie zieht man in solchem Falle? Doch möglichst so, daß der Gegner kein weiteres Schach hat. Also **1. .... Ka8?** Das war hier jedoch falsch, denn nun kam unvermutet **2. Tc8†! Tc8: 3. Db7:†! Kb7:**, und Weiß stand Patt! Hingegen hätte 1. .... Kb8! (2. Dc7† Ka8) leicht gewonnen.

Horowitz (am Zuge)

279

Pavey
(USA-Meisterschaft 1951)

Weiß ist „umgangen" und sollte verlieren. Am einfachsten gewinnt Schwarz mit 1. .... Th1†! 2. Lh1: Dg4† 3. Dg4: fg4:† nebst 4. .... b3 usw. Er wählte jedoch eine andere Abwicklung: **1. .... Df3:†(?) 2. Df3: Ta3**, die ja auf den ersten Blick auch sehr verlockend aussieht. Es folgte jedoch **3. Kh4!! Tf3:** — und Weiß war wieder einmal Patt! Sicherlich zur Freude der Kiebitze.

Atkin

280

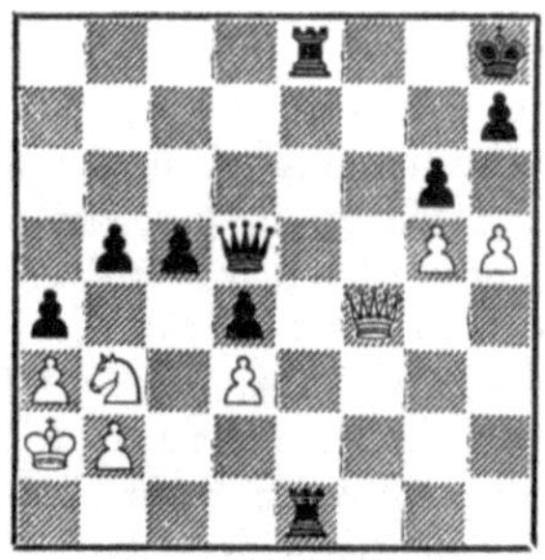

Bartolitsch (am Zuge)
(Gespielt in Petersburg 1902)

Weiß, in hoffnungsloser Lage, rettete sich durch **1. Df6† Kg8 2. Dg7†!! Kg7: 3. h6†** beliebig. „Patt, Sir!" sagte Weiß lächelnd. Daher der Ausdruck: Patzer!

Ja, das ist zum Staunen für den Nachziehenden und zum Ärger für den Pattgesetzten! Man muß in Gewinnstellungen eben auf alles achten. Wehe, wenn es unserem bereits in den letzten Zügen liegenden Gegner noch gelingt, sich in ein Patt zu retten. Wir haben dann zum Schaden noch den Spott, zum Ärger noch die Schadenfreude des Partners und der Kiebitze!

(281) Weiß hat zwar die Qualität weniger, aber drei Bauern dafür. Bei sorgfältigem Spiel hat er Gewinnaussichten. Er zog aber **1. Dc8† De8**

Dr. Nagy

281

Walter (am Zuge)
(Meisterturnier Raab 1924)

2. Da6:? (besser Dc5†) und gab damit seinem Gegner eine hübsche Gelegenheit, das Patt zu erzwingen: **2. . . . . Th3:† 3. Kh3: De6†! 4. De6:.** Schwarz ist patt. —

Das „Patt" ist oft angefeindet worden als eine ungerechte Beigabe des Schachspiels. Warum? Weil sich die Spieler darüber ärgerten, daß sie mit erheblichem materiellen Übergewicht nicht gewinnen konnten, wenn es dem Gegner gelang, sich pattzusetzen. Aber ist das Patt nicht eine scharfe Absage an die Materialisten im Schach, die da glauben, je mehr Figuren sie dem Gegner wegnehmen, um so leichter sei der Sieg, um so mehr müsse er ihnen garantiert werden!?

Das Patt setzt die Materialisten matt!

— — — — — — — — — — — — —

Soviel über den Begriff des Tempos im Mittelspiel.

Von den Eigenarten der Zugfolge

Zwischenzüge
Zugumstellungen

Wem ist es nicht schon so gegangen: man erwartet einen ganz bestimmten Zug des Gegners — „er kann doch gar keinen anderen machen!" — und plötzlich kommt etwas ganz anderes: ein Zwischenzug, der alle unsere Pläne und Berechnungen umwirft. Und erst nach dem Zwischenzug folgt der ursprünglich erwartete Zug, der nun aber ganz andere Kraft und Wirkung hat.

Der Zwischenzug

Mit einigen einfachen Beispielen wollen wir unser Thema eröffnen.

Einer der häufigsten Fehler im Schach besteht darin, sich auf eine Deckungsfigur zu verlassen, die aber durch

Balanel

282

Voiculescu (am Zuge)
(Gespielt in Bukarest 1951)

einen Zwischentausch des Gegners beseitigt werden kann. **1. Lg5?** kostete hier den Weißen eine Figur, wie Schwarz durch zwei überraschende Zwischenzüge nachwies: **1. . . . . Sc3:! 2. bc3: Lf3:! 3. Df3: Dg5:** Weiß gab auf. Die Deckung des Lg5 stand auf tönernen Füßen, was man allerdings (da der Sd5 zunächst den Lb7 verdeckte) übersehen kann. Wesentlich ist bei dieser Kombination, daß die Zwischenzüge stets den Charakter eines gleichwertigen Gegenangriffs haben. Sonst nämlich könnte sie der Gegner getrost ignorieren.

R. Elstner

283

K. Richter (am Zuge)
(Gespielt in Berlin 1948)

Auf Grund seiner zwei verbundenen Freibauern hoffte Weiß hier trotz der verlorenen Qualität auf Gewinn, aber leicht ist seine Aufgabe gewiß nicht. So glaubte er mit **1. Df5?** einen entlastenden Abtausch herbeizuführen, verlor aber nach **1. .... Te8!!** — den Springer. Wenn Sie es nicht glauben, prüfen Sie es bitte nach. (Das fehlende Luftloch!)

Zwischenzüge der nachstehenden Art unter Ausnutzung des Fesselungsmotivs gehören zum täglichen Brot des Schachspielers.

Immer wieder sind Spieler sorglos und setzen in Fällen wie Nr. 284 die Dame dazwischen, um das Schachgebot abzuwehren: **1. .... Dd4?**, ohne an die gefürchteten „Zwischenzüge" zu denken: **2. Td1!! Dc3:.** Die Dame ist ja gefesselt, kann also den Turm nicht schlagen! **3. Td7:†** (Mit

Lundin (am Zuge)

284

Stoltz
(Gespielt in Stockholm 1935)

Schach!) **3. .... Kf6 4. bc3:.** Ein Turm war gewonnen.

Und noch ein etwas feineres Gegenstück:

Canal (am Zuge)

285

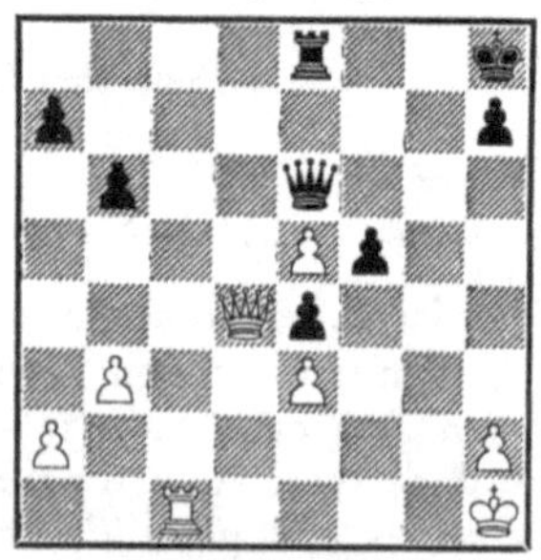

Dunkelblum
(Internat. Turnier Venedig 1953)

Schwarz konnte nicht der Versuchung widerstehen, den Be5 zu nehmen (**1. .... De5:?**) — und mußte nach dem glänzenden Zwischenzuge **2. Tc8!** die Partie aufgeben. Bei 2. .... Dd4: folgt ein weiterer Zwischenzug (3. Te8:† Kg7 4. ed4:), wieder mit Turmgewinn. Auch bei 2. .... Kg7 3. Te8: hat Weiß einen Turm erobert. Immerhin entbehrt dieser Fall nicht einer besonderen Eigenart.

von Hennig

286

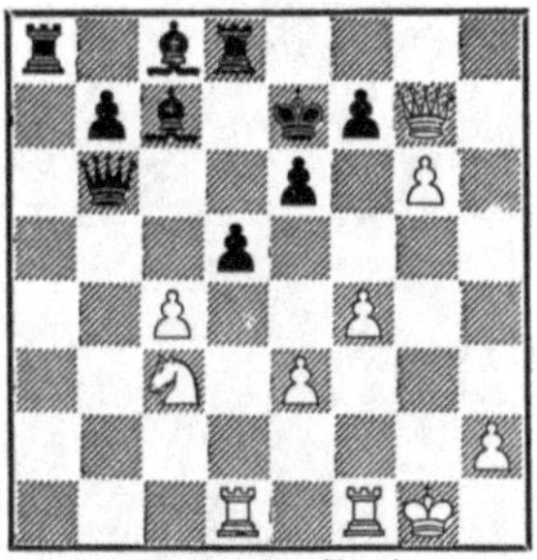

Wagner (am Zuge)
(Gespielt in Kiel 1914)

Schwarz erwartete sofort 1. Df7:† Kd6 2. Se4† Kc6, und obwohl seine Lage auch dann alles andere als rosig ist, kann er gleichwohl noch etwas leben. Aber Weiß machte den Zwischenzug **1. c5!**, und erst auf **1. .... Dc5:** (erzwungen, da jetzt auf f7 matt drohte) kam **2. Df7:† Kd6 2. Se4†**, diesmal aber mit Damengewinn! So nebenbei erweist sich der Zwischenzug als Lenkungskombination.

Wegemund (am Zuge)

287

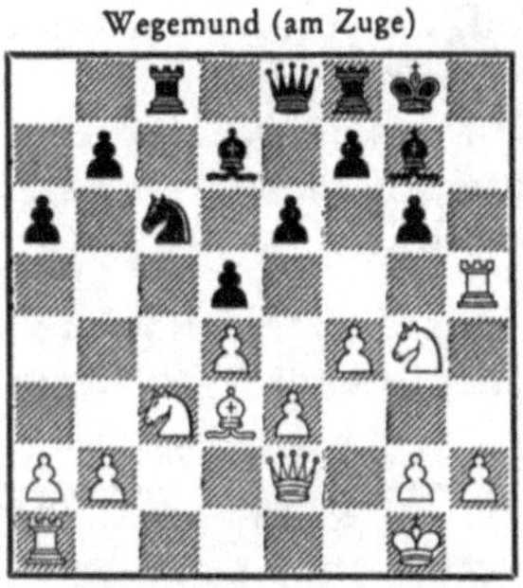

Grünfeld
(Meisterschaft von Deutschland, Frankfurt a. M. 1923)

Weiß hatte soeben Th3×Bh5 gespielt, und auf gh5: folgende Kombination ausgedacht: 2. Sf6†! Lf6: 3. Dh5: mit undeckbarem Matt auf h7. Das Springeropfer bezweckt, den Bf7 zu blockieren, damit Schwarz sich nicht mit f7—f5 retten kann. Aber Schwarz zog zunächst **1. .... Sd4:!** und widerlegte damit die Kombination des Gegners. Nach **2. ed4:** kam **gh5:**, denn nun hat Schwarz auf 3. Sf6† Lf6: 4. Dh5: die Abwehr Ld4:† nebst f7—f5. Der starke Zwischenzug gibt also Schwarz das Tempo, den Bf7 ohne Zeitverlust wieder zu „entblocken".

Weiß erkannte die Zusammenhänge, brachte das Springeropfer infolgedessen nicht, hätte aber mit der Qualität weniger die Partie verlieren sollen. Allein Schwarz spielte allzu scharf auf Gewinn, so daß Weiß doch noch siegreich bleiben konnte.

Stoltz (am Zuge)

288

Pirc
(Meisterturnier Prag 1931)

Weiß hat zwar zwei Figuren für einen Turm, aber noch nicht rochiert. Und das wird ihm hier zum Verhängnis. Auf sofort 1. .... Da1† hat Schwarz nach 2. Sd1 nicht mehr allzuviel, aber der hübsche Zwischenzug **1. .... d4!** bringt ihm Materialgewinn. Nach **2. Dd4:** (sonst geht Sc3 sofort verloren) **Da1†!** (jetzt erst!) hat Weiß die Wahl, ob er Dame, Turm oder Springer verlieren will.

Rochieren! Rechtzeitig rochieren!, nicht oft genug kann dieser Mahnruf wiederholt werden.

N. N. (am Zuge)

289

Ahues
(Meisterturnier Berlin 1928)

Schwarz hätte, da Dc6 und Se4 angegriffen sind, Dc2 spielen müssen. Er wollte das aber nicht, weil er sich mit Recht sagte, daß Weiß dann mit b3 nebst La3† und Tc1 starken Entwicklungsvorsprung und Angriff erlangen würde. Er versuchte **1. .... Tae8** nach der Devise: Wie Du mir, so ich Dir! Da die schwarze Dame aber angegriffen bleibt, kann es sich die weiße Dame leisten, einen Zwischenzug zu tun. Freilich nicht den falschen De8:† (De8:!), auch nicht den armseligen Dg7:† (bringt nur ein Bäuerlein ein und befördert zudem die schwarze Entwicklung!), sondern den richtigen: **2. De4:!**. Gewinnt eine Figur, denn wollte auch Schwarz mit einem Zwischenzug aufwarten (Dc1:), so revanchiert sich Weiß sofort mit De8:†.

Eine für das Thema des Zwischenzuges charakteristische Kombination!

(290) Weiß freute sich, mit **1. Df6:** einen glänzenden Sieg feiern zu können (gf6:, Tg3†, Kh8, Lf6:‡). Kaum aber hatte er die Figur losgelassen, da sah er zu seinem Schrecken, daß der Gegner einen nicht minder glänzenden Zwischenzug hat, der den Spieß vollkommen umdreht.

N. N.

290

Ahues (am Zuge)
(Aus einer vor Jahren in Berlin gespielten freien Partie)

Bange Minuten: wird er ihn finden?, und erleichtertes Aufatmen: Nein, er hat ihn nicht gesehen, sondern die Partie aufgegeben! — Dabei konnte Schwarz mit **1. .... Dg4!!** gewinnen; nach 2. hg4: geht 2. .... gf6:, denn die g-Linie ist nun dem weißen Turm versperrt.

Der Zug sieht so einfach aus, ist aber gar nicht so leicht zu entdecken. Wir legten die Stellung schon öfters als Aufgabe vor; sie wurde meist als sehr schwer empfunden.

Die Kraft des Zwischenzuges verstärkt sich noch, wenn er mit Schachgebot arbeitet.

Das Zwischenschach ist daher besonders gefürchtet.

van Nüss (am Zuge)

291

Engert
(Düsseldorfer Stadtmeisterschaft 1934)

Hier spielte Schwarz ahnungslos 1. . . . . **Dg5†** und war froh, endlich zum Damentausch zu kommen. Daß Weiß etwas anderes als Dg5:† antworten könnte, kam ihm nicht in den Sinn. Um so größer war daher sein Entsetzen, als Weiß den Sf6 ergriff und dem Gegner ein kräftiges Zwischenschach auf g4 versetzte: **2. Sg4†!!.** Nach **hg4: 3. Th1†** war die schwarze Dame verloren.

Helling (am Zuge)

292

Schlage
(Meisterschaft von Berlin 1932)

Schwarz trieb die Sehnsucht, ein günstiges Endspiel zu erlangen, zu dem Zuge **1. . . . . Sc3:?**, um auf ab4: mit Se2: fortzufahren. Aber ist es nicht klar: wenn jetzt die weiße Dame mit Schach wegziehen könnte, würde Schwarz seine Dame verlieren, ohne die feindliche zu bekommen. Darauf basiert das gar nicht fernliegende Zwischenschach **2. Lf7:†!**; nach **Kf7:** (Kh8 oder Kf8, Lg7:† und Weiß kommt auch zu einem Damenschach) **3. Df3†** ist die weiße Dame gerettet, während der schwarzen nicht mehr zu helfen ist.

So kann man hereinfallen, sollte es aber eigentlich nicht!

(293) Schwarz ist stark im Angriff, die weiße Dame ist zwar aus dem Spiel, steht aber doch so, daß Schwarz nicht Tb2: spielen darf wegen De8†.

Colle (am Zuge)

293

Dr. Tartakower
(Meisterturnier San Remo 1930)

Er zog 1. . . . . Dh2† und gewann schließlich auch damit, hätte aber bei richtiger Fortsetzung von Weiß nur remis machen sollen. Statt dessen konnte er, wie der Schweizer Meister *Rivier* herausgefunden hat, mit zwei Zwischenschachs den Läufer nach e5 bringen und dann das Matt erzwingen: **1. . . . . Lh2†! 2. Kh1 Le5†! 3. Kg1 Dh2† 4. Kf1 Ld4:!** nebst Matt auf f2 oder h1.

Hinterher sieht alles so einfach aus!

K. Richter (am Zuge)

294

K.
(Gespielt 1931 in Berlin)

Tauscht Schwarz sofort die Damen und spielt dann e3—e2, so kommt Weiß mit Kf2 noch gerade zurecht, den Bauern aufzuhalten. Daher gab Schwarz erst mit **1. . . . . Lh2†** ein Zwischenschach, um den König abzulenken. Nach **2. Kh2:** (Kf1, Df6†!)

folgte nunmehr **2. . . . . Dd7: 3. Td7: e2!** und der Bauer geht in die Dame

295

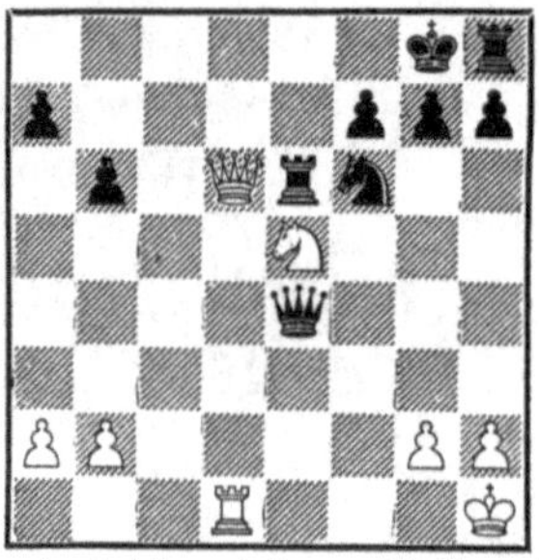

Namen der Spieler unbekannt (Weiß am Zuge)
Gespielt in Frankfurt a. M. 1950

Weiß hatte das Mattbild auf der 8. Reihe gut im Kopf und zog **1. De6:(?)**, um auf fe6: mit 2. Td8† das Matt zu erzwingen. Und Schwarz — streckte die Waffen! Dabei hätte das Zwischenschach 1. .... De1†!! 2. Te1: und nun erst fe6: die Mattgefahr beseitigt und Schwarz das bessere Endspiel gesichert. Die Mattdrohung war also nur ein Bluff!

— — —

Zwischenzüge sind demnach, wie wir gesehen haben, ein sehr dankbares Feld für Kombinationen; vor allen Dingen wirken sie aber auf den Gegner, dem sie meist völlig unerwartet kommen, demoralisierend.

Eine weitere Besonderheit der Zugfolge sind die

Zugumstellungen,

soweit sie auf die Kombination entscheidenden Einfluß ausüben. Wenn man eine bestimmte Idee hat und es ist anscheinend gleichgültig, in welcher Reihenfolge die Züge ausgeführt werden, so soll man dies dennoch zuvor noch einmal genau nachprüfen. Denn oft genug ist gerade die Umstellung der Züge von entscheidender Bedeutung. Dies soll an einigen Beispielen aus der Praxis erläutert werden.

Rasmussen

296

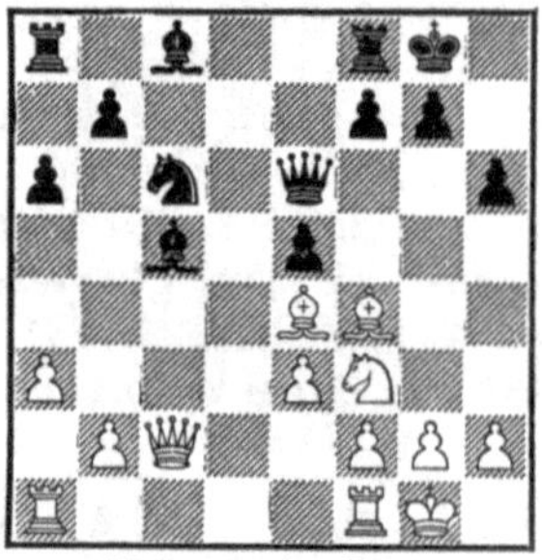

Halvorsen (am Zuge)
(Nordisches Turnier, Niendorf 1934)

Hier zog Weiß **1. Lh7†** und hoffte nach **1. . . . . Kh8** mit **2. Dc5:** materiellen Vorteil zu erlangen, doch nun deckte Schwarz mit **2. . . . . Ld7** den Tf8. Da zwei weiße Figuren hängen, mußte sich Weiß mit dem Gewinn eines Bauern begnügen (3. Le5: Kh7: usw.). Statt 1. Lh7† hätte aber **1. Dc5: ef4:** (der Unterschied: es steht nur eine weiße Figur ein, auf Ld7 kann jetzt der Lf4 wegziehen und Weiß behält eine Figur mehr!) und erst **2. Lh7†** die Qualität gewonnen und den Endsieg viel sicherer verbürgt.

Kam in Nr. 296 Weiß noch mit einem blauen Auge davon, so hatte die Zugumstellung im Schlußspiel Nr. 297 weit verhängnisvollere Folgen. Weiß faßte den richtigen Plan, mit einem sehr schönen Doppelopfer die Verteidigungsstellung des Gegners zu erschüttern. Er wählte dazu folgende Züge: **1. Tf4 ef4: 2. Sa4** mit der Absicht, nach ba4: durch 3. gf4: die g-Linie zu öffnen und ein unparierbares Matt zu drohen. Das Springeropfer war nötig, denn auf 2. gf4: hätte Schwarz sonst die Ab-

Marshall

297

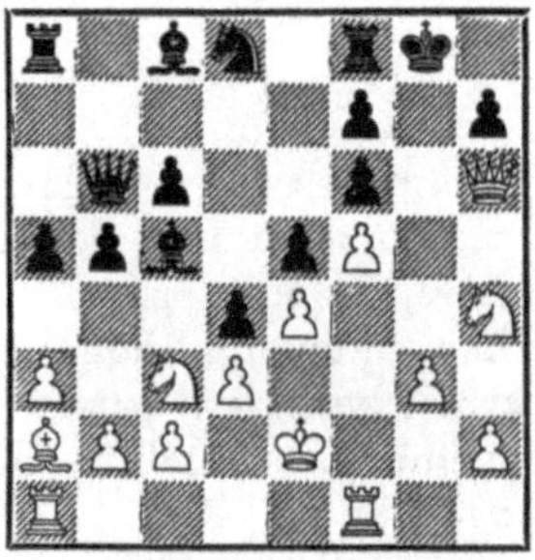

Alexander (am Zuge)
(Meisterturnier Cambridge 1928)

Sämisch

298

Grünfeld (am Zuge)
(Meisterturnier Baden-Baden 1925)

wehr dc3:, die das Feld g1 schützt. Aber Schwarz gab nach 2. Sa4 erst das Zwischenschach **2. . . . . f3†!** und verhinderte so die Öffnung der g-Linie. Nach **3. Sf3:** darf er zwar nicht 3. . . . . ba4: (wegen 4. Sg5! fg5: 5. f6!) spielen, aber mit **3. . . . . Da7!** behielt er ausreichende Verteidigungsmöglichkeiten. Weiß versuchte noch **4. Sg5 fg5: 5. f6,** aber nach **Se6 6. Le6: fe6:** war sein Angriff abgeschlagen.

Mit der einfachen Zugumstellung **1. Sa4! ba4:** und nun erst **2. Tf4! ef4: 3. gf4:** hätte Weiß das Zwischenschach auf f3 vermeiden und ohne Mühe gewinnen können.

Ein ähnlich tragisches Geschick traf den Führer der weißen Steine in Nr. 298.

Weiß war sich seines Sieges so sicher, daß er sorglos **1. Te8† Kb7! 2. d7** zog, nach **2. . . . . Tg2† 3. Kh1 Sf5!** aber eine grausame Enttäuschung erlebte. Wie soll er das Matt auf g3 verhindern? Er hatte aber noch Glück im Unglück; mit **4. Tb8†! Ka7!** (Schwarz darf wegen d8D† weder den Turm schlagen, noch Kc7 ziehen) **5. Ta8†!** erreichte er noch gerade ewiges Schach.

Dagegen hätte die Zugumstellung **1. d7†! Kc7** (der Unterschied: der König darf nicht nach b7, der d-Bauer droht daher immer mit Schachgebot einzuziehen und Schwarz gewinnt keine Zeit zu Sf5!) und erst **2. Te8!** leicht gewonnen.

Schwarz am Zuge

298a

Namen der Spieler unbekannt
Gespielt in einem englischen Jugendturnier 1950

Schwarz sah, daß die Kombination 1. . . . . Th7:†? 2. Dh7: Dh2:† verfehlt war, denn 3. Kg6! deckt die Dame. So zog er **1. . . . . Kd6?** und verlor später noch die Partie. Psychologisch ist es aber interessant, daß Schwarz nicht die umgekehrte Reihenfolge seiner Kombination in Erwägung zog: 1. . . . . Dh2:†! 2. Dh2: Th7:† 3. Kg6 Th2: würde nämlich sofort entschieden haben!

IV. Von A bis Z

Bei Betrachtung der Kombinationen im Schach gelangt man leicht in Gefahr, vom Hundertsten ins Tausendste zu kommen und den roten Faden zu verlieren. Dieser Abschnitt soll deshalb noch einmal einen kleinen Überblick über die vielfältigen Möglichkeiten unseres schönen Spiels bieten. Wenn manches Bekannte dabei wiederholt wird, was schadet das? Es prägt sich im Gegenteil um so leichter ein, und das schachliche Unterbewußtsein nimmt eine Reihe typischer Bilder in sich auf.

Nur: verlassen wir uns nicht allein auf das Gedächtnis! Ein kleiner Unterschied in der Stellung kann ganz andere Voraussetzungen schaffen. Wir haben wiederholt darauf hingewiesen. Die Perser sagen, Schach sei das „Spiel der tausend Sorgen". Recht haben sie schon, aber man kann natürlich ebenso behaupten, es sei das „Spiel der tausend Freuden". Je nachdem, ob man Verlierer oder Gewinner ist. Es soll aber auch vorkommen, daß sich ein Verlierer über eine schöne Kombination des Gegners freut. Das erst ist die wahre Liebe zu *Caissa* ...

Ablenkungen

Gebundene Figuren sind ohnmächtig und können durch drastische Mittel abgelenkt werden.

299
Kempff

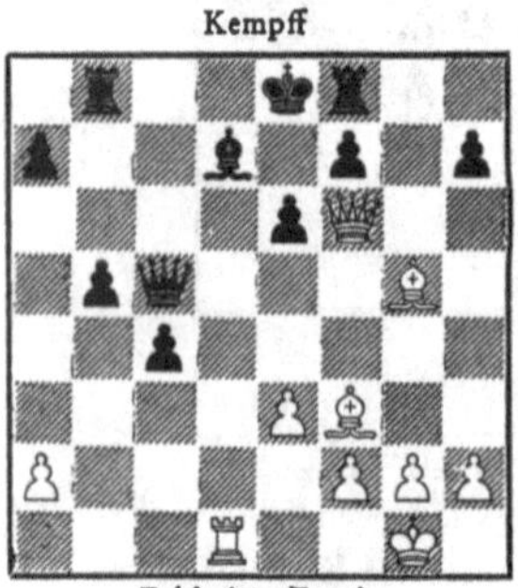

Erbis (am Zuge)
(Gespielt im Sv. Stuttgart 1954)

300
Muth

Christoph (am Zuge)
(Deutsche Jugendmeisterschaft, Hamburg 1949)

301
Flad

Teschner (am Zuge)
(Gespielt in Berlin 1954)

299. 1. Lc6! nutzte die Bindungen der schwarzen Figuren glänzend aus. Schwarz streckte die Waffen.

300. Hier gewann ein ähnlicher Zug: **1. Lc6†!** — und Schwarz gab auf. Warum? Auf 1. . . . . Dc6: folgt 2. Tf8:†! nebst Matt. Erst wurde die Dame abgelenkt und dann die Schutzfigur beseitigt.

301. 1. Td8! zwang den Gegner zur sofortigen Kapitulation.

Studieren Sie bitte diese „Lenkungszüge" genau. Sie gehören zum elementaren Rüstzeug des Kombinationsspielers.

„Ab“-Züge

Ich spiele am liebsten mit „Abziehbildern“, sagte einmal ein Schachfreund.

302. Desperado
Thormann (zieht Dd8?)

Alfeis
(Gespielt in Hamburg 1949)

303. Hinlenkung
van Steenis

Szilagyi (am Zuge)
(Ungarn—Holland, Budapest 1949)

304. Hinterstellung
Rossolimo (am Zuge)

Carro
(Gespielt in La Coruna 1951)

Analogien

„Analogien“ bieten lehrreiche Vergleiche — doch ist „Analoges“ nicht unbedingt „Gleiches“.

305 a
Smyslow (am Zuge)

Lundin
(Internat. Turn. Groningen 1946)

Schwarz hielt durch Sf2† Kg1 Sh3† Remis. Statt dessen . . .

305 b
Rubinstein

Tschigorin (am Zuge)
(Gespielt in Lodz 1906)

. . . hätte er analog dieser Partie (**1. Tf7!**) mit **1. . . . . Tf2!** gewinnen können.

306 a
Franz (am Zuge)

Zirngibl
(Gespielt in Colditz 1954)

1. . . . . e4! gewann eine Figur. Prüfen Sie bitte nach, weshalb.

302. Nach **1. . . . . Dd8?** entfernte sich der störende Le5 mit einem Kraftzug: **2. Ld6!** — und Schwarz gab auf.

303. Weiß fing die feindliche Dame, indem er sie in ein Abzugschach hineinlockte: **1. Lb4! Db4: 2. Se6:†!** Schwarz gab auf.

304. Hier sehen wir das häufige Motiv der „Hinterstellung“, mit feinen Zügen vorbereitet. **1. . . . . Dc1†! 2. Kh2 Df4†!** Jetzt steht die Dame

306 b

Dr. Bohosievici (am Zuge)

Reicher
(Gespielt in Bukarest 1954)

Schwarz zog **1. .... Ta5? 2. De8:‡.** Auch hier hätte jedoch 1. .... e4! eine Figur gewonnen — wenn auch mit anderer Begründung! (Es droht Teb8!)

307 a

Laurine (am Zuge)

Werle
(Gespielt in Halmstad 1951)

Schwarz spielte **1. .... De8,** weil er sah, daß 1. .... Dc2: an 2. Dg7†!! scheitert (2. .... Lg7: 3. Td8† nebst Matt). Elementar!

307 b

Olafsson (am Zuge)

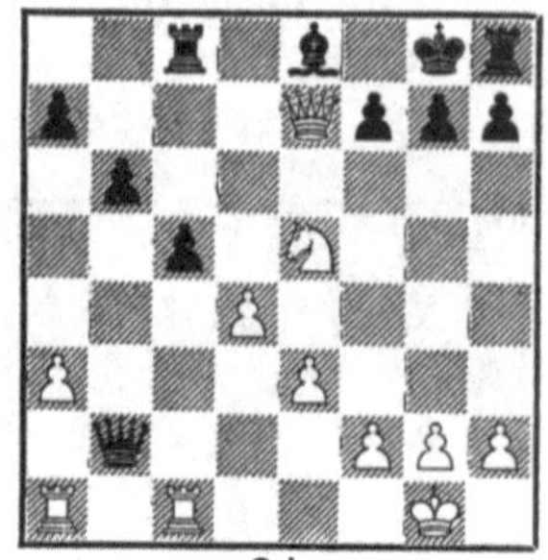

Geir
(Gespielt in Reykjavik 1953)

Und hier folgte auf **1. .... cd4:? 2. Df7:†!!** Zwei typische Tempogewinnkombinationen, verbunden mitLinienöffnung.

Aprilscherze!?

Wir werden uns hüten! Es geht alles mit rechten Dingen zu.

308

N. N.

Ahues (am Zuge)
(Gespielt in Dresden 1907)

Links:
Weiß am Zuge gewinnt.

Rechts:
Schwarz am Zuge erzwingt das Matt.

Unglaublich, aber wahr!

309

Schwarz am Zuge

Namen der Spieler unbekannt
Nach Kayser, Alkmar 1953

hinter dem Springer, und wenn dieser mit Schach abzieht, geht die weiße Dame verloren — der Kernpunkt des Ganzen. Weiß gab auf (3. Kg1 Sf3† bzw. 3. Kh1 Df1†, in letzterem Falle allerdings nur mit Qualitätsgewinn. Aber das genügt ja auch!).

305 a—307 b. Siehe Diagramm-Text.

308. Ein flüchtiger Blick auf die Stellung und: Schwarz gewinnt!, lautet das Urteil. Aber Weiß hat eine überraschende Mattkombination zur Verfügung: **1. La3! Tb1: 2. Dh6†!! Kh6: 3. Lf8†!,** und das

Damenopfer

Damenopfer sind nichts für den übersättigten Schachspieler, der sich lieber an einem blockierten Bauern ergötzt.

310
Kahn

Dr. L. Herrmann (am Zuge)
(Gespielt in Dresden 1953)

311
Lüsch

Kliem (am Zuge)
(Gespielt in Berlin 1953)

312
Prof. Cardoso und Beratende

Engels (am Zuge)
(Simultan, Ribeirao Preto 1949)

Doppelangriffe

„Doppelangriffe" wiegen schwer im Schach; sie wiegen eben — doppelt!

313
Blaszczak

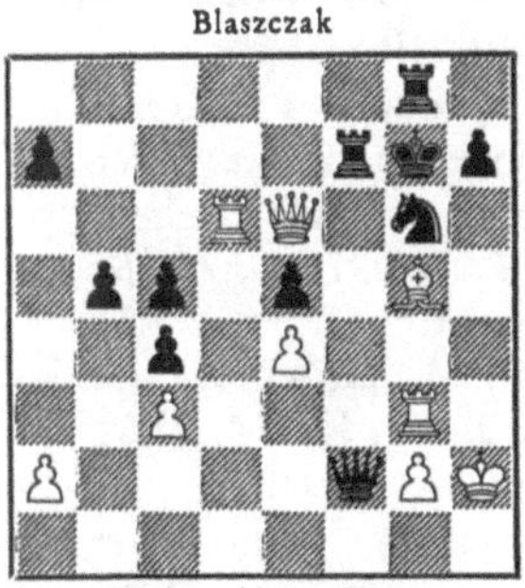

Witkowski (am Zuge)
(Gespielt in Polen 1953)

314
W. E. Kunerth

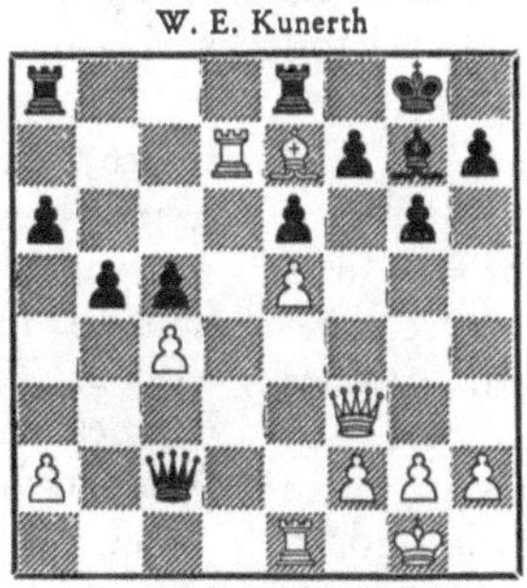

Dr. Dünhaupt (am Zuge)
(Deutsche Fernschachmeisterschaft, 1952/53)

315
Schifferdecker

Sämisch (am Zuge)
(Gespielt in Mainz 1953)

Mattnetz ist komplett, wie der darin bereits geübte Leser nunmehr feststellen wird.

309. Weiß droht stark 1. Dh6:†! Kh6: 2. Sg4‡, aber Schwarz — ist am Zuge: **1. . . . . Te1†!** Zwecks Demaskierung des Lh6. **2. Te1: Dc2:†!!** Wirklich phantastisch! **3. Kc2: Sd4† 4. Kb1 Sc3†!** Linienöffnung! **5. bc3:**. Oder 5. Ka1 Sc2‡. **5. . . . . Tb8† 6. Ka1 Sc2‡.**

Wenn das keine Hexerei ist...!

310. Der dicht vor der Umwandlung stehende Freibauer e7 bildet das Sprungbrett der Mattkombination: **1. Tf8†! Tf8: 2. De5†!** Damenopfer, um die Gegenspielerin abzulenken und 3. ef8: D‡ spielen zu

Enttäuschungen

Remis!? Verlust! — Gewinn!? Remis! — Das sind Caissas Launen.

316

Handke

van Steenis (am Zuge)
(Gespielt in Detmold 1953)

Links bot Schwarz Remis an. Hätten Sie angenommen?

Rechts wollte Schwarz mit 1. . . . . c3 gewinnen. Glückte sein Vorhaben?

317

Israilovici (am Zuge)

Rusenescu
(Gespielt in Bukarest 1953)

können. **2. . . . Sg7.** Dann allerdings muß man „einfach" gewinnen. **3. Dd6: Tf1†.** Zögert die Umwandlung des Bauern nur hinaus. **4. Lf1: cd6: 5. Lh3.** Auch 5. b6, drohend Lb5, gewann; z. B. 5. . . . . a6 6. La6:! **5. . . . . Kg8 6. Le6†!** Schwarz gab auf (6. . . . . Se6: 7. e8D†; 6. . . . . Kh8 7. Lf7 usw.). Sehr elegant!

311. 1. Df6:! liegt nicht fern, weil nach 1. . . . . gf6: 2. Lf6:† ein bekanntes Mattbild entsteht. Schwarz antwortete aber **1. . . . . e4†;** was nun? 2. Kh1? führt zum Matt durch Dh3:. Aber **2. Kg2!** gewinnt doch für Weiß, da die Verstellung der g-Linie nur vorübergehend ist. **2. . . . . h6.** Falls 2. . . . . gf6:, so 3. Lf6:† Kg8 4. Kh1†, ähnlich wie in der Partie. **3. Dh6:†! gh6: 4. Lf6† Kg8 5. Kh1†.** Schwarz gab auf. Weiß hat gut gerechnet.

312. 1. Dh7†! lockt den schwarzen König in ein Doppelschach — und in ein unzerreißbares Mattnetz: **1. . . . . Kh7: 2. Sf6† Kh8.** Wenn 2. . . . . Kh6:, so führt 3. Th3† Kg5 4. Tg3† zum Matt. **3. Lg7:†!** Die Pointe. **3. . . . . Kg7:.** Oder Tg7: 4. Th3†. **4. Tg3†! Kf6:.** Die Alternative: 4. . . . . Kf8 5. Tg8‡. **5. Tg6‡.** Schöne Mattstellung mit geringstem Material!

313. Ein „doppeltes Doppelschach" in einer Partie ist selten, führte hier aber zu einem sehenswerten Matt: **1. De5:†! Se5: 2. Lf6†!** Erstes Doppelschach! **2. . . . . Kh6.** Kf8 3. Td8‡: **3. Lg7†!** Zweites Doppelschach. **3. . . . . Kh5 4. Th6‡.** Wunderschönes „Karussell".

314. Der Le7 ist „Desperado"; wäre er nicht, setzte Weiß mit Df7:† matt. **1. Ld8!** ist der Schlüsselzug, mit dem Weiß nicht nur Df7:†, sondern auch Da8: droht. Fürwahr ein merkwürdiger Doppelangriff! (Nach „Fernschach".)

315. Auch hier ist die Art, wie Schwarz zwei Schwächen im weißen Lager schafft, sehr bemerkenswert. Auf **1. d6?** (Richtig cb6:!) spielte Schwarz nicht Dg4†, wobei der weiße König über d2 entkommt,

Geistesblitze

Ein Blitz leuchtet auf und erhellt den „Kampf im Dunkeln", wie manche Schachspieler das Kombinationsspiel nennen.

318

Saila

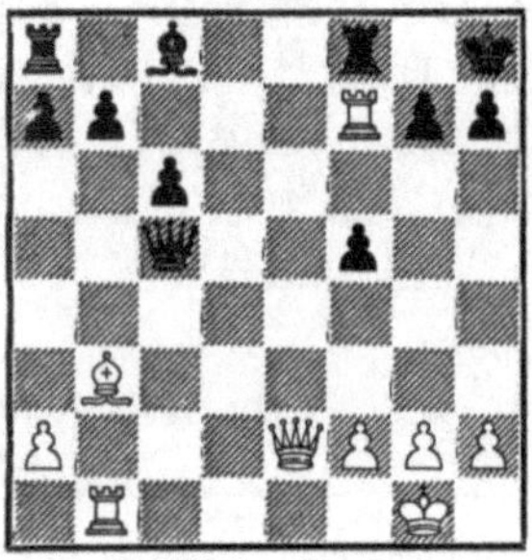

Böök (am Zuge)
(Gespielt in Stockholm 1946)

319

Pachman

Zwetcoff (am Zuge)
(Gespielt in Hilversum 1947)

320

Dr. Ban

Szabó (am Zuge)
(Gespielt in Budapest 1947)

Überbelastete Figuren werden peinlich befragt.

321

Collett

Hult (am Zuge)
(Gespielt in Stockholm 1946)

322

Becker

Stahlberg (am Zuge)
(Gespielt in Buenos Aires 1944)

323

Lundin (am Zuge)

Hjorth
(Gespielt in Motala 1946)

Die lenkenden Kräfte eleganter Damen (-züge).

sondern schuf mit einem „Vorplan" zu der weißen Schwäche in der g-Linie noch eine solche auf c4: **1. . . . . Tdg8†! 2. Kh1 Tg1†! 3. Kg1: Dg8†! 4. Kf1 Dc4†!** Die Pointe. Die Flucht des Königs ist nun verhindert (5. Ke1 De2‡). Weiß gab auf.

316. Weiß lehnte das Angebot ab und kündigte statt dessen ein Matt in 4 Zügen an: **1. Df7†! Kh4: 2. Dg6!** mit unparierbarer Mattdrohung durch 3. g3 (z. B. 2. . . . . De5† 3. g3† Dg3:† 4. fg3:‡). Ja, der König am Rande . . .

317. Hier sind beide Könige eingeklemmt, aber es ist verständlich, daß Schwarz mit seinen beiden Mehr-Freibauern gewinnen will. **1. . . . . c3.** Sehr schlecht wäre 1. . . . . Dc5? 2. Df6!, und 3. g5† entscheidet. Auch 1. . . . . Df3 2. g5† Kg7 leistet nichts; Weiß kann schon mit

Lockspeisen

Wenn dich die bösen Buben locken, so folge ihnen nicht.

324
Grodner

Tavernier (am Zuge)
(Gespielt in Charleville 1952)

325
Storch (am Zuge)

Kunze
(DDR-Jugendmeisterschaft 1951)

326
Mühring

Szabó (am Zuge)
(Internat. Turnier, Zandvoort 1946)

Mausefallen

Hier ist zu sehen, wie drei Damen in einen Hinterhalt geraten.

327
Thompson

Gladwin (am Zuge)
(Gespielt in London 1950)

1. La3! Da4:?

328
Najdorf

Reschewsky (am Zuge)
(Schacholympiade, Helsinki 1952)

1. Se2! Lb2:?

329
Jacob

Donner (am Zuge)
(Zonenturnier München 1954)

1. Tc6! Da1?

3. Dg8†! auf Patt spielen. **2. Df6! Db4 3. Df4†! Df4:** — Patt! Weiß machte aus der Not (der Randstellung des Königs) eine Tugend. Aber das geht nur selten so.

Und nun die Geistesblitze 318—323:

318. 1. De5! 319. 1. De5:!
320. 1. De5! 321. 1. Dg5!
322. 1. De1†! 323. 1. . . . . De3!

Blitz und Donner — und zündender Funke!

324. Der Tc2 bietet sich förmlich zur Fesselung durch **1. Lb1?** an, erwies sich nun aber als gut ausgelegter Köder (richtig war 1. Lf7:†! Kf7: 2. Tg5: usw.): **1. . . . . h4† 2. Kg4 f5†!** Entfesselung mit Tempo! **3. Tf5: Tg2‡.** Wer den Schaden hat . . .

Randbemerkungen

Am Rande des Schachbrettes ereignen sich viele Tragödien.

330
Abramov

Simagin (am Zuge)
(Gespielt in Moskau 1949)

331
Harrison

Longhran (am Zuge)
(Gespielt in Victoria 1916)

332
N. N.

Nach E. Cortlever (Weiß am Zuge)
(Gespielt in Holland 1941)

333
Hooper

Bonham (am Zuge)
(Gespielt in Hastings 1953)

334
Bongrantz

Augustin (am Zuge)
(Nach Suomen Shakki 1954)

335
Musiol

Wachtel (am Zuge)
(Gespielt in Polen 1953)

325. Mit Lc4×f7 hatte Weiß den Läufer als Lockspeise ausgeworfen. Daß Tf6×f7? an Tf3×f7 nebst evtl. De8† scheitert, sah Schwarz. Er glaubte aber, mit dem anderen Turm nehmen zu können, doch fiel er nur einem bekannten Stickmatt zum Opfer. **1. .... T8f7:? 2. De8† Tf8 3. Df8:†! Tf8: 4. Tf8:‡.**

326. Schwarz hat den Th8 als Köder angeboten, weil er hofft, die feindliche Dame zu fangen. Aber dies war nun wieder die Lockspeise, die Weiß dem Gegner zuwarf. Doch sehen Sie selbst: **1. Db8†!?** 1. Sc5! gewann leicht. **1. .... Kf7?.** Denn jetzt konnte sich Schwarz mit 1. .... Td8 (2. Sd6† Dd6:!) besser verteidigen. **2. Dh8: Td8 3. Dh7 Lf5.** „. . . mit Damengewinn", dachte Schwarz. Er hatte aber die einfache Gegenkombination 4. Sg5†! fg5: 5. Te7† vollständig übersehen. So fängt man sich mitunter in der eigenen Schlinge.

327. 1. La3. Freundliche Einladung, den Ba4 zu schlagen. **1. .... Da4:?** Akzeptiert. **2. Lb2!** Oh weh!

Schnittpunkte

Im Problem bekannt, in der Partie selten — aber gefallen tut's immer.

336

Mandel

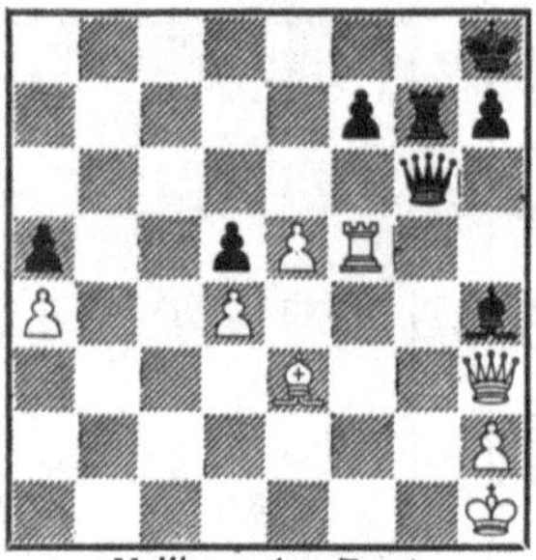

Hallbauer (am Zuge)
(Gespielt in Berlin 1952)

Links zieht Weiß sorglos Tf5—f1 — Rechts hat er ebenso sorglos Dg2—g4 gespielt. Und Schwarz!?

337

Lexandrowitsch (am Zuge)

Jurgschat
(Gespielt in Berlin 1948)

Die Mausefalle schließt sich . . . Schwarz gab auf.

328. Selbst Großmeister werden mitunter in einer Falle gefangen. **1. Se2!** gibt den Bb2 preis. Wie schon oft hervorgehoben, soll man jedoch den Bb2 (bzw. b7) nicht nehmen. Aber *Najdorf* tat es trotzdem: **1. .... Lb2:? 2. Tb2:! Db2: 3. Sc3!** Wieder ist eine Dame gefangen! Es folgte noch 3. .... **a3 4. Tb1 Sdc5 5. Tb2: ab2: 6. Sb4 Sa4 7. Sb1 Ld7 8. Sd3 b5 9. cb5: cb5: 10. Sb2:**, und Schwarz gab auf.

329. 1. Tc6! Bitte, treten Sie näher! **1. .... Da1?** Danke sehr! **2. Tc3!** Haha! — Schwarz gab auf. Im Schachspiel ist eben alles erlaubt; selbst hinterhältige Gedanken!

330. 1. De5! Kh5? Er fürchtete 2. Dg7† Kh5 3. Dh7:† Dh6 4. De7!, doch hätte er sich besser mit 1. .... Dh5! (und Mattdrohung auf h1) verteidigt. **2. Th8! h6.** Falls 2. .... Kh6, so 3. Dc7!; bzw. 2. .... Dh6 3. De7! **3. Th6:†!** Ein eleganter Schluß. **3. .... Dh6:.** (Kh6: 4. Dh8‡) **4. De2† Kg5 5. De7†!** Schwarz gab auf (Kg4 6. f3† Kh5 7. Dh4‡). Der Tb1 schaute zu ...

331. Weiß verlor dieses Spiel, hätte aber mit einem verblüffenden Zugzwangmanöver gewinnen können: **1. Df6! Dh3.** (Schwarz darf weder tauschen noch tauschen lassen. Auch 1. .... Df4 verliert: 2. Kg2 d4 3. De6: g4 4. Df6† Dg5 5. f4! usw.) **2. Df7! d4 3. Df8! d3 4. Db4†!** Die Pointe. **4. .... g4 5. De7‡.** Sehr schöne — Analyse!

332. Fast ebenso unglaublich ist es, daß Weiß auch diese Stellung regulär und zwangsläufig gewinnt. **1. De7† Dg5.** Wenn 1. .... g5, so 2. De1†! **2. De4† Dg4 3. De3!!** Zugzwang für Schwarz, der nur zwischen Matt und Damenverlust zu wählen hat. Ein seltener Fund!

333. 1. Tfg7:? oder 1. Tgg7:? führt nach 1. .... Dg4:†! zum Patt. Aber was Weiß wirklich zog, war noch schlechter: **1. Tf8† Kh7 2. f6??** Dieser Zug mußte erst sorgfältig vorbereitet werden. **2. .... Dd5† 3. Tg5.** (Oder 3. g5 Df3‡.) **3. .... g6‡!** Ein hübsches Fesselungsmatt!

Schrecksekunden

Impulsives Handeln im ersten Schreck — wirft halbe und ganze Punkte weg!

338
Flad

Teschner (am Zuge)
(Gespielt in Doberan 1948)

Links erschrak Schwarz zu Unrecht nach dem Zuge 1. Lf8.

Rechts war Weiß froh, daß der Gegner Remis anbot. Aber . . .

339
Pfeiffer (am Zuge)

Sämisch
(Meisterschaft v. Deutschland, Bad Pyrmont 1949)

334. Ein ähnliches Bild, doch hier ist der Zug f6 von entscheidender Kraft. **1. f6! Kh7.** Um Kg6 zu verhindern, das z. B. bei 1. . . . . gf6: gewonnen hätte. Auch 1. . . . . Df6: 2. Df6: gf6: 3. Kh6: ist aussichtslos. Bei dem Textzug hat Schwarz noch einen originellen Einfall, den Weiß nicht minder originell beantwortet. **2. f7 De5†** (!) **3. g5!** (3. De5:? g6 matt!) **3. . . . . De6: 4. f8S†!** Der Gegenschlag! **4. . . . . Kg8 5. Se6:**, und Schwarz gab auf.

335. Nach **1. Te5!!** sah sich der schwarze König, eingeklemmt am Rande, in ein unzerreißbares Mattnetz verstrickt (bitte nachprüfen!). Nur der zwecklose Zug 1. . . . . Tb5 könnte eine kleine Atempause schaffen.

336. Nach **1. Tf1?** folgte problemartig der Schnittpunktzug **1. . . . . Lf2!!**, um auf 2. Tf2: mit Dg1‡ und auf 2. Lf2: mit De4† zu gewinnen. Weiß konnte dies nur mit **2. Dc8† Tg8 3. Dg8:† Kg8: 4. Tf2:** parieren, verlor aber schließlich auch dabei schnell: **4. . . . . De4† 5. Tg2† Kf8 6. Lg1 Df3 7. Lf2 Da3** usw. „Nowotny“, sagen wohl die Problemfreunde zu der einleitenden Idee.

337. Hier hätte der Schnittpunktzug 1. . . . . Sfg3†!! elegant entschieden, z. B. 2. Lg3: Dg4: bzw. 2. Tg3: Sf2† usw. Schwarz spielte jedoch nicht weniger schön **1. . . . . Sh4:** (!) **2. Dh4:** (2. Dh5:? Sf2‡!) **2. . . . . Df3:† 3. Tg2 fg5: 4. fg5:** (Erzwungen) **4. . . . . Sf2† 5. Kg1 Sh3† 6. Kh1 Df1†**, und Weiß gab auf. Auch eine Lösung; dennoch dürfte 1. . . . . Sfg3† im logischen Sinne den Vorzug verdienen.

338. Der Demaskierungszug **1. Lf8!?** setzte Schwarz so in Schrecken, daß er **1. . . . . Tf8:?** zog und nach **2. Th8†!** mattgesetzt wurde (2. . . . . Lh8: 3. Dh6). Richtig war jedoch das unbefangene 1. . . . . Lh4:! 2. Dh6 Lf6!; wohl kann Schwarz den Lf8 vorläufig nicht nehmen, aber Weiß vermag den Angriff auch nicht zu verstärken. Ebenso ist Weiß sogar

Springereskapaden

Wer den Springer nicht liebt, kennt das Schachspiel nicht.

340
Kühn

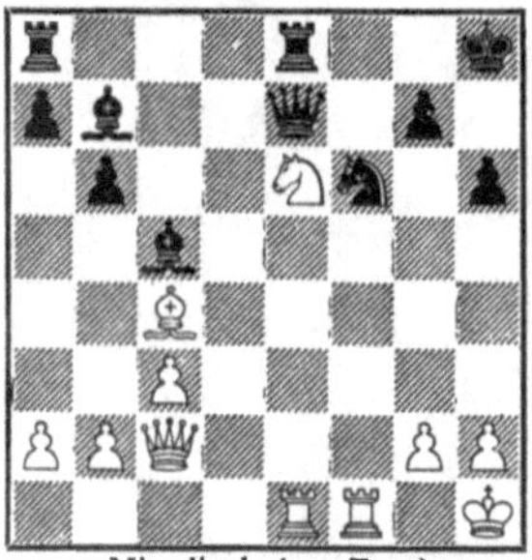

Niesslbeck (am Zuge)
(Gespielt in München 1946)

341
Wood

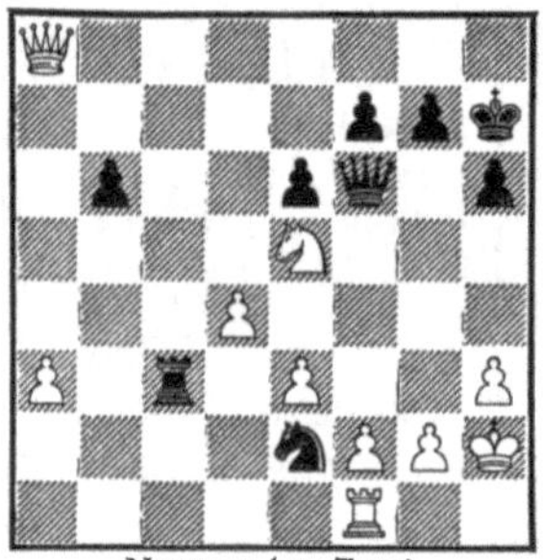

Newman (am Zuge)
(Gespielt in London 1946)

342
Bronstein

Barcza (am Zuge)
(Gespielt in Moskau 1949)

Verlängerungen

Wie kann man die Wirkungslinie einer Figur verlängern? Hier einige Kniffe.

343
Thibaut

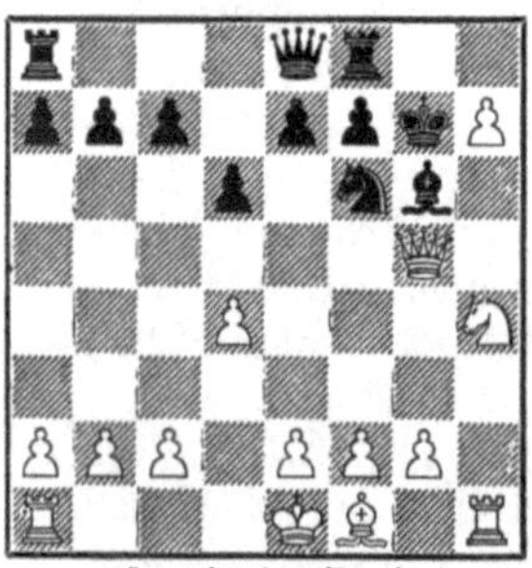

Lemaire (am Zuge)
(Gespielt in Brüssel 1951)

Der sichere Schlupfwinkel h8!?

344
Lewerenz (am Zuge)

Schulz
(Mannschaftskampf, Prenzlau 1954)

Turmmatt auf f1!?
Aber wie?

345
Nielsen

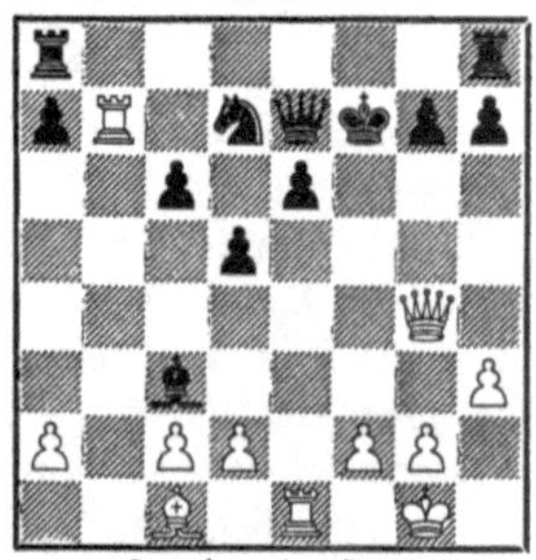

Cruusberg (am Zuge)
(Gespielt in Kopenhagen 1953)

Doppelangriff auf den Sd7!?

bei 1. .... Kf8: 2. Th8† Lh8: 3. Th8:† Kg7 4. Dh6† Kf6 in Verlegenheit.

339. Die Zeitnot ist gerade vorbei — und *Sämisch* atmet erlöst auf. Er glaubt, sein Gegner habe Remis durch ewiges Schach, weil der weiße König das Feld h1 nicht betreten darf (?). Da erfaßt Schwarz den psychologischen Moment und bietet Remis an. *Sämisch*, noch unter der Schockwirkung der Zeitnot stehend, hält die Partie für verpatzt und nimmt an. Dabei konnte er nach 40. .... Le5† 41. Kg1 Ld4† mit 42. Kh1! leicht gewinnen: Te1†

Verwandlungen

Eine Dame verschwindet — eine neue entsteht: der übliche Bauerntrick.

346

H. Jost (am Zuge)

N. N.

(Gespielt in Glauchau 1952)

Links rettete sich Schwarz durch eine Metamorphose-Kombination.

Rechts jedoch hätte sich die ähnliche weiße Idee als Bluff erweisen sollen.

347

Staldi (am Zuge)

Romi

(Ital. Meisterschaft, Triest 1954)

43. Kh2 Le5† 44. g3, bzw. 43. .... Lg1† 44. Kg3 T1e3† 45. Kg4 und alles ist aus, da auf T3e4† einfach 46. De4:! geschieht.

340. 1. Sf4! leitete einen interessanten Springertanz ein: **1. .... De1: 2. Sg6† Kh7 3. Sf8† Kh8 4. Dh7†! Sh7: 5. Sg6‡.** Halbersticktes Matt!

341. Wie kommt der weiße Springer nach e7, damit undeckbar Dg8‡ droht? **1. Sd7! Df5.** Andere Züge kosten die Dame. **2. Sf8† Kg8 3. Sg6† Kh7 4. Se7!** Es ist erreicht! Eine typische Wendung.

342. Auf den Entlastungsversuch **1. De4** folgte hübsch **1. .... Sd3:! 2. Df5: Se1:!** Bei gf5: 3. Kf1 hätte Schwarz nur einen Bauern gewonnen. Doch damit war die Tätigkeit des Springers noch nicht erschöpft. **3. Kf1 Sc2† 4. Lc1.** Der schwarze Turm soll schlagen und sich damit einem Angriff des weißen Königs aussetzen. Aber der „kluge Hans" macht den Plan zunichte. **4. .... Tc1:† 5. Ke2 Sd4† 6. Kd2 Sb3†!** und Weiß gab auf.

343. 1. Sf5†? Kh8! — Deshalb **1. h8D†!**, „verlängert" die Linie des Th1. **1. .... Th8:.** Hübsch erledigt sich 1. .... Kh8:, nämlich 2. Sg6:†! Kg8 3. Se7:‡. **2. Sf5† Kg8 3. Th8:† Kh8: 4. Dh6† Kg8 5. Dg7‡.** Das Opfer des „Schutzbauern"! (der weiße Bh7 schützte ja nur den schwarzen König!)

344. Wie kommt ein schwarzer Turm nach f1? Ein kleiner Einfall — und etwas Bluff: **1. .... Tf2:!? 2. Tf2:?** Er sieht nicht die „Verlängerung". 2. Sg6†! gewann, da entweder der Tf8 mit Schach geschlagen oder einer der schwarzen Türme gefesselt wird. 2. .... Dg6: erlaubt 3. Tf2:. **2. .... Df1†!** Dies „verlängert" den Turm. **3. Tf1: Tf1:‡.** Kurios, nicht wahr? (Mitgeteilt von *G. Gräubig.)*

345. Der Be6 schützt den Sd7 gegen die weiße Dame. Nach **1. Te6:! De6:** wird er durch die schwarze Dame ersetzt, aber nun blickt ihre weiße Kollegin wie mit Röntgenaugen nach dem schwarzen Springer: **2. Td7:†!** Es folgte noch **2. .... Kf6 3. Dg7:† Kf5 4. Tf7† Df7: 5. Df7:† Lf6 6. g4† Ke5 7. Lb2† d4**

Zwischenzüge

Mit Zwischenzügen läßt sich gut betrügen — und mitunter auch im Fluge siegen!

348
Th. Schuster

Burnstein (am Zuge)
(Internat. Turnier, Salsomaggiore 1952)

349
Horne (am Zuge)

A. R. B. Thomas
(Weihnachtsturnier, Hastings 1948)

350
Kanko (am Zuge)

Rautanen
(Gespielt in Helsinki 1951)

8. f4†, und Schwarz gab auf. Im Vertrauen auf die mögliche Verlängerung der Damenwirkung verzichtete Weiß darauf, auf c3 wiederzunehmen. Also auch ein „Zwischenzug".

346. Weiß droht Dc8† nebst Df8‡; dagegen hilft 1. .... Tc4: nicht, weil 2. b8 D† zum gleichen Matt führt. Wohl kann Schwarz 1. .... Kg7 ziehen, aber dann zwingt ihn Weiß mit 2. Db4: Lb4: 3. b8 D zum ewigen Schach durch De4† 4. Kh3 Df5† 5. Kg2 usw. Da hatte Schwarz plötzlich den richtigen Einfall, die De1 mit Tempo (und einem kleinen Trick) nach b1 zu bringen, um die weiße Königin schlagen zu können: **1. .... Dh1†!! 2. Kh3.** 2. Kh1: b1 D† 3. Kg2 Tc4: ergäbe die skizzierte Idee; Weiß könnte wohl 4. b8 D† Db8: 5. Sb8: ziehen, verbliebe aber mit einem verlorenen Endspiel. Auf den Textzug folgt die zweite Pointe der verblüffenden Kombination. **2. .... Db7:!!** Weiß gab auf; 3. Tb7: Tc4: ist hoffnungslos.

347. ... Und hier gab Schwarz (mit einem Turm mehr!) auf, verwirrt durch das weiße Damenopfer auf h7. Doch mußte er sich später von *Napolitano* sagen lassen, daß er mit dem kaltblütigen **1. .... Kh7: 2. f8 D† Kg6! 3. Tg7†** (3. Dc8: Tf1† 4. Kh2 Df4† usw.) **3. .... Kh6!!** hätte gewinnen können. Die weiße Dame steht ja auch ein, so daß ein Abzugschach des Tg7 nichts einbringt.

348. Die weiße Dame ist angegriffen, aber mit dem Zwischenzuge **1. Sc3** glaubte Weiß einen günstigen Gegenangriff starten zu können. Zu seiner Überraschung antwortete jedoch Schwarz ebenfalls mit einem Zwischenzuge: **1. .... Lg3†!** Es folgte **2. Kh1.** Wenn 2. Kg3:, so Dg6† 3. Kh2 Td2:!, und der Tg2 ist gefesselt; auf 3. Kf3 käme erst noch ein weiteres Zwischenschach auf h5. Ein niedliches Matt ergäbe 2. Kg1

Td2: 3. Se4: Td1‡! 2. .... Df3!! Der krönende „Zwischenzug". Falls nun 3. Dc2:, so Df1† 4. Tg1 Dh3:† nebst Matt. Ein feines Exempel.

349. Daß eine Deckungsfigur durch unerwartete Zwischenzüge beseitigt werden kann, haben wir schon hervorgehoben. Hier ist wieder ein eindringliches Beispiel. Den letzten weißen Zug 1. Sf3—d4? bestrafte Schwarz mit **1. .... Sf3†! 2. gf3:?** Bei 2. Kh1 Sd4:! verliert Weiß wenigstens nur eine Figur. **2. .... Ld4:†!** Aufgegeben, da die weiße Dame ohne Deckung ist.

350. Wesentlich ist auch dieses Schlußspiel. Nach **1. .... Lc2 2. Td2?** (etwas besser 3. Ld2) führt 2. .... De1† wegen 3. Sg1 zu nichts. Aber das Zwischenschach **2. .... Dh4†!** treibt den weißen König erst nach g1 (**3. Kg1**), und nun setzt **3. .... De1!** matt.

Die Technik der Zwischenzüge ist ein wesentliches Element des Schachkampfes — das kann nicht oft genug betont werden.

Die Meister

Ein Mensch sitzt da, ein schläfrig trüber,
Ein anderer döst ihm gegenüber.
Sie reden nichts, sie stieren stumm.
Mein Gott, denkst du, sind die Zwei dumm!
Der eine brummt, wie nebenbei,
Ganz langsam: Turm c6—c2.
Der andere wird allmählich wach,
Knurrt: Dame a3—g3 Schach!
Der erste, weiter nicht erregt,
Starrt vor sich hin und überlegt.
Dann plötzlich, vor Erstaunen platt,
Seufzt er ein einzig Wörtlein: matt!
Und die du hieltst für niedre Geister,
Erkennst du jetzt als hohe Meister!

Eugen Roth

Sie sind der höchsten Ideen voll
zum Staunen oder zum Lachen.
Ein jeder weiß, wie man's machen soll,
doch keiner kann es machen!
(Grillparzer)

V. Menschliche Unzulänglichkeiten

Ein Schluß-Kolloquium über Fehler und Irrtümer beim Kombinieren

... doch keiner kann es machen! Ein hartes Wort für einen Schachspieler. Aber der Verfasser dieses Büchleins hofft, daß es schließlich doch „recht viele machen können!" Nach Dr. Tartakower sind die sieben Erbübel des Schachspiels Oberflächlichkeit, Gefräßigkeit, Furchtsamkeit, Inkonsequenz, Zeitvergeudung, Verrammelung und Friedenssinn. Betrachten Sie bitte die jetzt gegebenen Beispiele speziell unter diesem Gesichtspunkt und suchen Sie selbst solche Fehler zu vermeiden. „Der schlimmste Wurm: Des Zweifels Dolchgedanken!", sagte Heinrich Heine. Wer seinen eigenen Zügen nicht traut, mag lieber gleich aufgeben; ebenso der, der nur auf sich selber baut. Man muß in jedem Falle auch des Gegners Plan berücksichtigen, seine Absichten zu ergründen suchen, ihnen entgegenwirken und erst dann selbst planen. Und was die Hauptsache ist: die sich bietenden Gelegenheiten erkennen und nützen!

„Die Göttin Gelegenheit hat Haare an der Stirn, am Hinterhaupt ist sie kahlköpfig; faßt man sie an der Vorderlocke, kann man sie festhalten; aber wenn man sie entwischen läßt, so ist Jupiter selbst nicht mehr imstande, sie einzufangen" (Phädrus, um 40 n. Chr.).

Hinterher (beachten Sie das bitte wohl) sieht vieles selbstverständlich aus, was vorher ein Buch mit sieben Siegeln war. Oder, wie Fr. Rückert dies ausdrückte: „Das Unverhoffteste, wenn es getreten ein, sieht endlich aus, als könnt' es gar nicht anders sein!"

Aber im Schachspiel geht es nun einmal nicht ohne Fehler; und glauben Sie nicht, dagegen gefeit zu sein. Lächeln Sie verstehend über die Schnitzer, die andere machen. Denn: „Man darf nur alt werden, um milder zu werden. Ich sehe keinen Fehler begehen, den ich nicht auch begangen hätte" (Goethe).

Und zum Schluß ein Schelmenrat: Wenn Sie schon Fehler machen, dann bitte nicht zweimal den gleichen, sondern lieber einen neuen! Sapienti sat.

Das Patt in jedem Turnier

Dies ist freilich etwas übertrieben, aber erstaunlich ist doch die relative Häufigkeit der Pattkombinationen. So kam es auch im Wettkampf UdSSR — Jugoslawien selbst zwischen großen Meistern zu einem „Pattbetrug". Die Stellung war:

Ivkov

351 

Bannik (am Zuge)

Paterson (am Zuge)

352 

Friedmann

Weiß am Zuge konnte einfach und methodisch mit etwa 1. Db4! Dg7 2. f3 allmählich gewinnen. Aber die Verlockung, drei verbundene Freibauern zu bilden, war zu groß, und so geschah **1. Lh6:?**, was die unerwartete glänzende Antwort **1. … Sf4!!** zur Folge hatte. Nun ist guter Rat für Weiß teuer; denn deckt er das Feld e1 mit 2. Db1, so hat Schwarz mit Se2† nebst Sc3: kräftiges Gegenspiel. Deshalb biß Weiß in den sauren Apfel und zog **2. Lf4:**, worauf der Remisschluß durch ein erzwungenes Patt effektiv war: **2. … De1† 3. Kg2 Dh1†! 4. Kg3 Dh3† 5. Kh3:** Patt. So etwas gefällt immer wieder von neuem!

In der Offenen Südafrikanischen Meisterschaft zu Johannesburg 1962 ereignete sich der folgende amüsante Fall:

Schwarz glaubte mit **1. … h6?** mühelos zu gewinnen, wurde aber schmählich betrogen: **2. Dh6:†!! Kh6:**. (Nimmt Schwarz nicht, so ist nach dem Verlust des h-Bauern der Gewinn ohnehin verscherzt; die weiße Dame zieht sich am besten nach c1 zurück.) **3. g5† Kg7.** Weiß war Patt. „Patt-Romanzen gehören immer noch zu den Leckerbissen der Schachliteratur!", hieß es damals. Wer wollte das bestreiten!?

Eine elementare Wendung ergab sich in der Partie Dimitroff—Spindroff der Bulgaren-Meisterschaft 1961: Kg5 Ta1 — Kg7 Ta6 Ba5 g6. Überstürztes Vorgehen (**1. … a4??**) vernichtete die schwarzen Siegesaussichten. **2. Ta4:! Ta4:** Patt! Mit dem bedächtigen Manöver 1. … Kf7 2. Tf1† Ke7! usw. war der Gewinn leicht sicherzustellen.

Ein Glückskind Caissas in dieser Hinsicht ist der ungarische Meister Lengyel. Während viele Schachspieler jahrzehntelang auf solch eine Chance warten und sie vielleicht niemals bekommen, schien Lengyel die Pattsonne gleich zweimal in kurzer Zeit!

Lengyel

353 

Portisch (am Zuge)
(Turnier zu Malaga 1964

„Drei gegen einen" im Damenendspiel — kein Zweifel, daß Weiß gewinnt! Aber nicht nach **1. f4??**; denn nun erzwang Schwarz mit **1. ... Dg4†! 2. Kh6 Dg5†!** (freilich genügte hier auch schon 2. ... Dh4† 3. Dh5 Df6† usw. zum Remis) ein hübsches Patt.

Amüsanter Weise mußte Lengyel kurz darauf noch ein weiteres Damenendspiel mit gleicher Materialverteilung bestreiten.

Lengyel

354

Matanovic (am Zuge)
(Länderkampf Jugoslawien—Ungarn, Budapest 1964)

1. De6†(?) war ein unlogischer Zug, da damit die Beherrschung der wichtigen Diagonalen b8—h2 aufgegeben wurde. (G. Barcza gibt 1. f6 Kg6 2. h4 als richtig an.) Es folgte **1. ... Kf8 2. f6?** (Weiß sollte mit 2. Dd6† oder 2. De5 die Schräge wieder in Besitz nehmen. Jetzt gelingt dem in Pattdingen anscheinend besonders gewitzten Ungarn eine glänzende List). **2. ... Df4† 3. Kg1 Dc1† 4. Kf2 Df4† 5. Ke2.** (Wenn 5. Ke1, so Dg3† 6. Kd1 Dd3† 7. Kc1 Df1† usw.; der Bg2 fällt mit Schach, was mühelos das Remis sichert.) **5. ... d3†! 6. Kd3:.** (Oder 6. Kd1 Dd2†!, bzw. 6. Ke1 d2† usw.) **6. ... Dd4†!** Remis.

So eine Patt(set)zerei!

„Falsche" Züge

„Falsch" sind die Züge mitunter im Gegensatz zu „gut". Nach den Regeln freilich sind sie allerdings (leider) im allgemeinen zulässig. „Wär' halb so leicht die Tat wie der Gedanke, wir hätten eine Welt voll Meisterstücke!" Aber das wäre auch wieder langweilig. Deshalb ergötzen wir uns an den Fehlern der „anderen", trotz Schopenhauer: „Neid zu empfinden ist menschlich; Schadenfreude zu genießen, teuflisch!"

Der Fehltritt des Königs

Lengyel

355

Varadi
(Gespielt in Budapest 1962)

Aus dem Schach auf f5 war der weiße König soeben in den (wie er glaubte, sicheren) Hafen g6 geflüchtet (richtig war aber Ke5!). Da Weiß selbst Matt droht, rechnete er mit keiner Überraschung, zumal ja Schwarz sich selbst das Matt durch Dh3—h7 versperrt hat. Aber diese Überlegung brachte den Schwarzen zu der Erkenntnis, daß der Th4 überflüssig („Desperado") ist — und von da bis zu dem prächtigen Zuge **1. ... Te4!!** war nur ein kleiner Schritt. Weiß gab sofort auf, da er, um das Matt abzuwehren, die Dame hergeben muß, was ganz aussichtslos wäre.

Zwei ungleiche Damen

J. Loikkanen (am Zuge)

356 

H. Westerinen
(Finnland-Meisterschaft, Helsinki 1963)

Der letzte weiße (weise!) Zug Ld5—c6 hat zweierlei Aspekte: einmal schirmt er den schwarzen Angriff ab, zum anderen stellt er eine tückische Falle! Schwarz fiel herein: **1. ... Da3?** (er möchte den Angriff festhalten, mußte statt dessen aber abwickeln: 1. ... Dc2:† 2. Dc2: Lc2:† 3. Kc2: Tc4† nebst Tc6: und wahrscheinlichem Remis). Es folgte ein verblüffendes Mattfinale: **2. Df8:†! Kf8: 3. Td8† Ke7 4. Te8‡.** Schwarz hatte das Mattziel erreicht — freilich mit umgekehrten Vorzeichen!

Der betrogene Betrüger

Nichts gibt ein größeres Vergnügen, als den Betrüger zu betrügen (Ramler). Auch Goethe drückte dies ähnlich aus: Beherrsche diese Lüge! Betrogener, betrüge. — Wohlan denn!

Schwarz hoffte, den weißen Stellungsdruck mit der Kombination **1. ... Ta1† 2. Kf2 Tf1†(?)** entkräften zu können, da er glaubte, Weiß dürfe den Turm wegen Damenverlustes durch Lc4† nicht schlagen. Es verschlug ihm aber die Sprache, als

Jenik (am Zuge)

357 

K. H. Boese
(Fernpartie, gespielt 1962/63)

dennoch **3. Kf1: Lc4†** und nun der „Boese"-Zug **4. Ld3!!** folgte, der den Tf4 gewissermaßen „rückwärts" demaskierte. Nach **4. ... Ld3:† 5. Kf2 De5:** (anderes ist jetzt ebenfalls aussichtslos) setzte **6. Tf8** matt. So wurde also aus dem „Damengewinn" ein Matt des Königs!

Manchmal aber glückt der Betrug, weil der Betrogene der Schrecksekunde erliegt.

Hoffmann (am Zuge)

358 

Hottes
(Gespielt in Heilbronn 1964)

Der letzte weiße Zug Sf3—g5 leitete eine fehlerhafte Kombination ein: **1. ... Le2: 2. Sf7:?** (mit Zwischenzügen läßt sich zwar gut betrügen, aber diesmal sollte es ein Selbstbetrug sein!) **2. ... Db6?** (Nanu? Warum nicht einfach 2. ...

Ld1: 3. Sd8: Td8: mit Mehrfigur für Schwarz? Weil nicht 3. Sd8:??, sondern 3. Sd6‡!! geschieht). **3. De2: 0—0 4. d6 Tf7: 5. Dc4** und Weiß gewann schließlich.

Hingegen hätte — ganz unerwartet! — nach 1. ... Le2: 2. Sf7: die kurze Rochade 2. ... 0—0!! Schwarz materiell im Vorteil gelassen, wie Sie leicht nachprüfen können (3. Sd8: Tf1:† usw.). „Ha!", sagte ein Schachfreund, dem wir die Stellung zeigten, „Sie dürfen nicht rochieren!", und wies auf den Sf7. Da sieht man wieder einmal die mangelnde Regelkenntnis.

Der verdoppelte Verlust

Gat

359

Cohen (am Zuge)
(Gespielt in Allentown 1962)

Angesichts der Drohungen von Schwarz am Königsflügel zog Weiß **1. Lf3** — und bot damit gleichzeitig den Bc4 als Lockspeise an. (Erkenne dich, o Schächer, wie du bist, ein Mensch voll Lug und Trug und Hinterlist!") Schwarz fiel tatsächlich herein — und nach **1. ... Lc4: 2. Sa4!** aus allen Wolken; muß er doch nun eine Figur verlieren, wie er auch zu spielen mag. Vor Ärger setzte er mit **2. ... Sb3** fort und verlor nun gleich deren zwei: **3. Dc4:†**, und Schwarz gab auf. Schütteln Sie bitte nicht den Kopf, weil Schwarz den Kopf verlor; vielleicht kommt es auch mal bei Ihnen vor. (Nicht!? — Um so besser!)

„Schachblindheit"

... war schon zu Tarraschs Zeiten eine weitverbreitete Krankheit. Auch die heutigen Meister aller Klassen sind nicht immun dagegen.

Ein krasser Fall

Lengyel (am Zuge)

360

Darga
(Interzonenturnier Amsterdam 1964)

Zum Verständnis sei vorausgeschickt, daß Klaus Darga offensichtlich durch eine langwierige Verteidigung ermüdet war. Schwarz mußte nun 1. ... Lh4:† 2. Sg3 spielen und versuchen, das Endspiel zu gewinnen, was keineswegs einfach sein dürfte. Statt dessen wollte Lengyel sofort Schluß machen und verfiel auf eine „geniale" Idee: **1. ... T6e2:†??** — und Darga, der ja seit einigen Zügen irgendeinen Todesstreich erwartete, ergab sich in sein Schicksal und streckte die Waffen. Er sah nur 2. Te2: Lh4:† 3. Kg2 (??) Te2:† mit Läufer mehr für Schwarz; nicht aber bemerkten beide Spieler, daß dem weißen König (nach 2. Te2: Lh4:†) auch noch das Feld e3 zur Verfügung stand! Dann hätte Weiß die Qualität mehr gehabt und leicht gewonnen.

Großmeister Bronstein erklärte diesen einmaligen Fall wie folgt: „Weil nicht weniger als zwei schwarze Türme auf der e-Linie standen, kam Weiß gar nicht auf die Idee, daß er etwas später mit seinem König nach e3 gehen könnte. Hätte Darga hingegen den Zug Te2: noch ausgeführt und Lh4:† abgewartet, dann wäre ihm sicherlich diese einfache Möglichkeit nicht entgangen."

Der überrumpelte Großmeister

Porath (am Zuge)

361

Gligoric
(Interzonenturnier Amsterdam 1964)

Großmeister Gligoric, Held aus tausend Schlachten, mußte auch der launischen Schachgöttin Tribut zollen. Sein letzter Zug Dc5—f5(??) war ein schwerer Mißgriff, der wieder einmal mit einer glänzenden Grundlinienkombination bestraft wurde: **1. ... Dg2!!**, und Gligoric, so unsanft an die rauhe Wirklichkeit erinnert, gab sich geschlagen. Die Dame darf er wegen Te1‡ nicht schlagen, und 2 Td1 scheitert einfach an Td1:† 3. Kd1: Df1† 4. Kd2 Dc4: usw. Kein Zweifel, daß Porath mit diesem witzigen Spielschluß in die Lehr- und Anschauungsbücher eingehen wird.

Die Springergabel

Benkö (am Zuge)

362

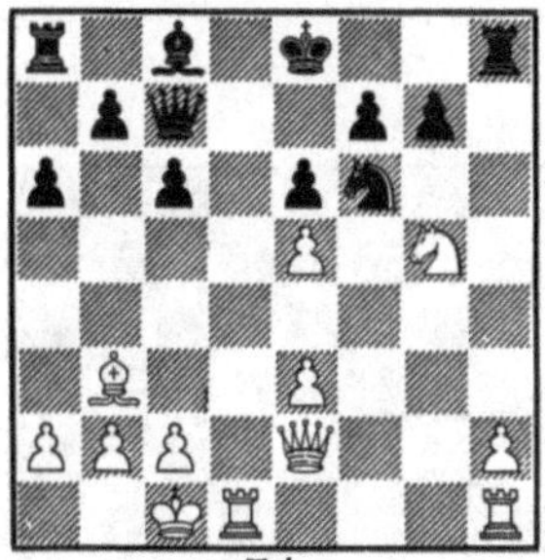

Tal
(Interzonenturnier Amsterdam 1964)

Statt mit 1. ... Sd7! noch langen und durchaus nicht aussichtslosen Widerstand zu leisten, nahm Benkö (Teilnehmer zweier Kandidatenturniere) das Danaergeschenk an: **1. ... De5:??**, um nach **2. Td8†!** aber freilich etwas bekümmert dreinzuschauen: wenn nämlich 2. ... Kd8:, so 3. Sf7:† nebst Se5:. Und der Versuch **2. ... Ke7 3. Th8: Dg5:** endete nach **4. Dd2** ebenfalls letal. Schwarz gab auf. Indocti discant, et ament meninisse periti (Laien, die mögen hier lernen, und Kenner sich freuen der Erinnerung. — Ch. J. F. Hénault). Es scheint aber, daß „Kenner" auch noch viel lernen müssen, wenn solche eklatanten Fehlgriffe sogar in einem Vorturnier zur Schachweltmeisterschaft vorkommen! Doch wie sagen die Araber? „Jeder Wissende irrt sich, und jedes edle Pferd stolpert!"

Nach 60 Jahren

... ein ähnlicher Zug. Man vergleiche hierzu Marcos gewissermaßen „unvergänglichen" Fehler in der Nr. 228 aus dem Jahre 1902!

In der nachstehenden Position aber fand Trifunovic doch den entscheidenden Zug, der Marco entging.

Aaron (am Zuge)

363

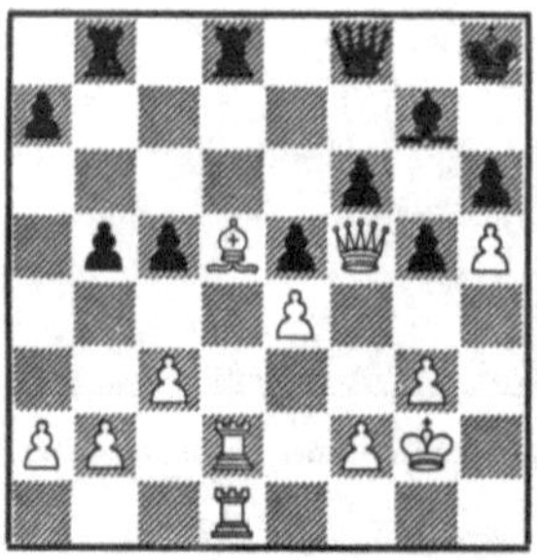

Dr. Trifunovic
(Hochofenturnier Beverwijk 1962)

Hier war Schwarz so unvorsichtig, **1. ... Tb6?** zu ziehen, worauf Weiß à la Marco (das heißt: wenn dieser den Zug gesehen hätte!) mit **2. Lg8!!** glänzend Schluß machte. Da Dh7 matt droht, kann Schwarz nichts zur Rettung seines Turmes auf d8 tun. Er gab deshalb auf.

Dr. Trifunovic ist allerdings der Meinung, daß er die Partie auch ohne den Fehler 1. ... Tb6 gewonnen hätte. Sein Plan war, die Türme zu tauschen, dann die Dame nach g6 und schließlich den Läufer nach f5 zu bringen, was Schwarz lahmlegen würde. Dieser kann wenig dagegen tun. Aber solche Probleme stehen hier nicht zur Debatte.

Nach 47 Jahren

... fiel ein moderner Großmeister so herein wie Dr. Tarrasch 1912 (s. Nr. 219).

Reschewsky

364

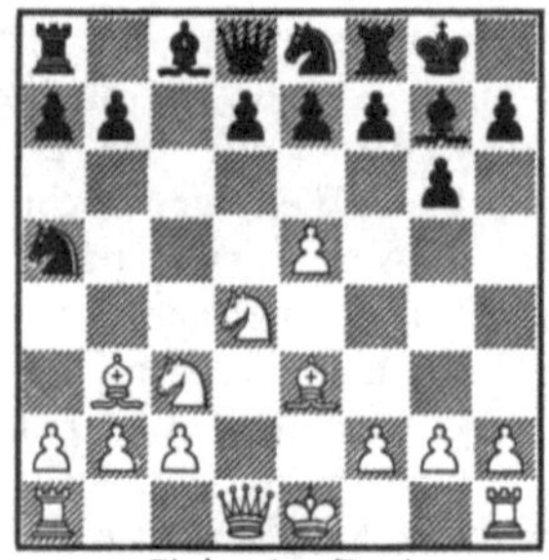

Fischer (am Zuge)
(USA-Meisterschaft, New York 1959)

Dies ist eine jener Stellungen, die Dr. Tartakower unter dem Begriff: „Verrammelung" verstand (soweit es die Stellung von Schwarz betrifft). Ähnlich wie seinerzeit von Holzhausen spielte hier Bobby Fischer **1. Lf7:†!! Kf7:** (Tf7:, so ebenfalls Se6!) **2. Se6:** und Schwarz mußte die Dame geben, um nicht Matt zu werden (z. B. 2. ... Ke6:? 3. Dd5† Kf5 4. g4†! Kg4: 5. Tg1† usw.). Nach **2. ... de6: 3. Dd8:** leistete Schwarz zwar noch heftigen, aber vergeblichen Widerstand. Wie sich die (Schach-)Bilder gleichen!

„Aufforderung zum Tanz"

Manchmal könnte man im Schach von einer „Aufforderung zum Tanz" sprechen, wenn der eine Partner einen schwachen Zug macht und damit seinen Gegner geradezu zu einer bestimmten Kombination einlädt. Sehen Sie bitte zum Beispiel die folgende Position:

Porebski (am Zuge)

365

Bednarski
(Gespielt in Polen 1963)

Hier schwächte Schwarz seine an sich gut geschützte Rochadestellung mit dem leichtsinnigen Zuge **1. ... Se7??**, obwohl auf den ersten Blick nicht zu erkennen ist, wie Weiß dies ausnutzen könnte. Dieser hatte jedoch einen glänzenden Einfall: **2. Ta6:!! ba6: 3. Da7!!**, was unabwendbar La6:† drohte. (3. ... Lb5 wäre keine Verteidigung, da 4. Lb5: folgt und Schwarz wegen der ungedeckten Dame nicht wiedernehmen darf.) Es folgte **3. ... Tde8**, und der Rest war Schweigen: 4. La6:† Kd8 5. Db8†! Sc8: 6. Lc8: Ke7 (falls Lc8:, so Td1†) 7. Td1 Kf8 8. Dd6† Kg8 9. Ld7: Sd7: 10. Dd7: Tb8 11. Dd4, und Schwarz gab auf.

Ein ähnlicher, womöglich noch krasserer Fall ereignete sich in einem Augsburger Turnier 1963: Zimmermann—Mitzel (Kd2 Ta1 Tf1 Lc4 Le3 Sb4 Ba4 b5 c3 d4 g3 h4 — Kc8 Tf8 Th8 Ld7 Lf6 Sg6 Ba7 b7 c7 d6 f5 g4 h5). Die Zielsetzungen sind eigentlich gegeben: Weiß greift am Damenflügel, Schwarz am Königsflügel an. Um so unlogischer mutet daher der schwarze Zug 1. ... c6?? an, der dem Gegner die ersehnte Linienöffnung sozusagen gratis offeriert. (Schwarz sollte statt dessen Ld8! ziehen und Aufrollung durch f5—f4 drohen.) Es kam natürlich 2. bc6: bc6: 3. Sa6, wonach bald Matt durch Tb8 drohen wird: 3. ... Ld8 4. Tab1 Lc7 5. Tb2 d5 6. Tfb1! (Mit erneuerter Drohung!) 6. ... Le6 7. Sc5! Ld7 8. La6† Kd8 9. Lg5† Se7 10. Tb8† Lb8: 11. Tb8:† Kc7 12. Lf4‡. So geht es, wenn man dem Gegner Tür und Tor öffnet!

„Das wundervolle Schachgehirn“

Unter dieser vielversprechenden Überschrift macht Großmeister A. Kotow in der australischen „Chess World“ sehr interessante Ausführungen über den Denkprozeß im Schach. Wir greifen ein lehrreiches Beispiel heraus.

Das schwierigste Problem für den Schachspieler besteht darin, sein Gehirn in Zucht zu halten. Alle Spieler machen Fehler, aber Großmeister weniger oft als zum Beispiel die Zuschauer. Der Verstand des Großmeisters ist besser diszipliniert; er arbeitet exakter und rascher — das Resultat eines Spezialtrainings. Wie muß das Schachgehirn wirken? Nachstehend werden wir beobachten, in welcher typischen Weise das Denken vor sich geht.

Kotow

366

Stoltz (am Zuge) (Stockholm 1952)

In obiger Stellung begannen die weißen Überlegungen mit der Erkenntnis, daß zwei Möglichkeiten im Vordergrund standen: 1. Sg3 und 1. De3. „Nach 1. Sg3", so überlegte Weiß, „wird mein Gegner 1. ... h4 antworten (2. Sh5 Dg5), und meine Position ist nicht gut." Also versuchte es Weiß mit 1. De3. Aber nun dachte er wieder, daß dann nach De3: 2. Se3: d4 die schwarzen Bauern sehr gefährlich werden würden. Was tun? Nochmals begann Weiß die Folgen von 1. Sg3 zu prüfen — sie mißfielen ihm nach wie vor. Dann wieder versuchte er sich in Gedanken mit 1. De3 zu befreunden, und so schwankte er zwischen diesen beiden Polen mehrere Male unentschlossen hin und her. Plötzlich blickte er auf seine Uhr: 40 Minuten waren vergangen, die Zeitkontrolle rückte nahe. Da hatte er eine neue Idee: **1. Da7:**, und war sehr glücklich, denn dieser Zug schien dank seiner Aktivität (b7 hängt mit Schach!) der beste zu sein, und ohne viel Überlegen führte Weiß ihn aus. Aber es folgte **1. ... f2! 2. Lg2** (das Schach auf b7 wäre nach Tg7 nur ein Luftstoß!) **2. ... Df3!!**, und Weiß mußte die Waffen strecken (wenn jetzt 3. Db7:†, so Kh8).

Weiß machte zwei Denkfehler: zunächst zog er Da7: zu hastig, ohne die Ressourcen des Gegners zu studieren. Sodann aber (und dagegen verstoßen viele Spieler) mißachtete er gründlich den Grundsatz, jede Variation nur einmal zu durchdenken und nicht immer wieder die gleichen Überlegungen anzustellen.

Einen guten Ratschlag gab der russische Meister B. Blumenfeld den Schachspielern: „Wenn Sie Ihre Berechnungen beendet und sich für einen Zug entschieden haben, dann schauen Sie für eine Minute mit den Augen eines Anfängers aufs Brett. Droht nicht vielleicht die Königin verlorenzugehen, oder kann der Gegner eventuell sogar in ein bis zwei Zügen mattsetzen, und so fort. Das ist eine sehr wichtige Regel, und jeder Großmeister befolgt sie."

Schon Dr. Tarrasch hat dies übrigens mit der lapidaren Feststellung: „... der Turnierspieler solle auf den Händen sitzen", ähnlich ausgedrückt.

Hinzu kommt aber noch etwas anderes: einem Schock-Zug des Gegners mit der nötigen Kaltblütigkeit (im Denken) zu begegnen.

Dr. Winiwarter (am Zuge)

367 

Olsommer
(Bad Pyrmont 1963)

Hier ist Schwarz sozusagen mit seinem Angriff „am Ende" und Weiß glaubt schon am Ziel zu sein, da Schwarz die Drohung auf f7 nicht mit Tf8 (wegen Lf7:†!! Tf7: Td8†) parieren kann. Zur nicht geringen Bestürzung von Weiß fand jedoch Schwarz noch einen Zug: **1. ... Te6 (!)**, gestützt auf 2. Le6:??

Dg2 matt. Das sah Weiß freilich, wollte aber nun schleunigst dem wunden Punkt g2 zu Hilfe eilen und zog in der Schrecksekunde **2. Df3??**, was dem Schwarzen einen prächtigen Demaskierungszug erlaubte: **2. ... Lg2!!** Dies droht Dh1 matt, während auf **3. Dg2: 3.... Te1†** das Matt erzwingt. So grausam aus allen Siegesträumen gerissen, gab Weiß die Partie auf.

Er mußte (nach 1 ... Te6) erst die Dame mit Schach aus der Bedrohung ziehen (2. Dd8† Kg7) und dann mit 3. Td1! die unterste Reihe sichern sowie zugleich den Lf1 angreifen. Dann wäre Schwarz nicht ungerupft davongekommen. Nicht immer ist Nimzowitschs „Überdeckung" am Platze!

Die Irrfahrten des Odysseus

Jeder Schachspieler ist so eine Art Odysseus; er muß den Kikonenkampf ausfechten, gegen widrige Winde ankämpfen, der Zauberin Kirke (Caissa!) widerstehen, der Skylla ausweichen und auch nicht der Charybdis verfallen, sich aus den Netzen der schönen Kalypso befreien und schließlich nicht dem Gesang der süßen Sirenen erliegen. Aber ist das nicht von uns Schachspielern etwas viel verlangt? Wir bleiben sicher irgendwo hängen, und sei es, daß wir zum Schluß von dem einäugigen Riesen Polyphemos erschlagen werden! In diesem Sinne wären auch die beiden nachstehenden Spielendungen mit ihrem jähen Wechsel vom Sieg (oder Remis) zur Niederlage zu betrachten.

Jörg (am Zuge)

368

L. Schmid
(Simultanspiel Bamberg 1962)

David erschlug mit der Steinschleuder den Riesen Goliath. Nun hatte auch hier (David-) Jörg schon die Schleuder gespannt und zu diesem Zwecke dem Riesen Lothar Schmid einen „Stein" weggenommen. Aber leider spannte er ihn falsch ein, zog ... Db7?? und wurde so im letzten Moment doch noch von „Polyphemos" besiegt. Statt dessen hätte 1. ... f5! gute Gewinnaussichten geboten, da sich 2. ef5:? wegen Dd5: verbietet. Auf **1. ... Db7?** gewann überraschend **2. La7!!**, ein sehr hübscher Zug, auf den der „Riese" besonders stolz war. Schwarz gab auf, da das auf b8 drohende Schach nur mit 2. ... Da7: abzuwehren wäre, worauf aber 3. Dc8 mattsetzt. Ein unbedeutender „Zwerg" hätte indessen auch mit 2. La5 gewonnen (Da8 3. Lc7). Na schön. Das war wirklich eine Irrfahrt! (Wer indessen von den beiden Recken Odysseus war, dies zu entscheiden, überlassen wir dem geneigten Leser!)

Ähnliche Abenteuer hat Schwarz auch in dem zweiten Beispiel zu bestehen.

Prameshuber

369 

Korn (am Zuge)
(Post-Schachturnier, Waltershausen 1962)

Wieder sitzt Odysseus im selbstgezimmerten Floß; aber während er in der griechischen Sage wohl die Gefährten verliert, aber selbst alle Fährnisse übersteht, kentert hier Weiß im entscheidenden Moment. Es beginnt mit dem Prachtzug **1. Te7!!**, der ein besseres Schicksal verdient hätte. (Die Idee ist, auf 1. ... Te7: mit 2. Df6!! Df6: 3. Tc8† fort- und mattzusetzen. Wesentlich hierbei ist, daß nicht umgekehrt erst 2. Tc8†?? Te8 und nun 3. Df6 geschieht; denn darauf dreht Schwarz mit 3. ... Td1† 4. Kg2 De4† den Spieß um und setzt seinerseits matt!) Schwarz fand die glänzende Parade **1. ... Tc8!!**, worauf Weiß nichts Besseres hat, als mit **2. Te1** auszuweichen. (Denn 2. Te6:? führt zu einem witzigen Mattbild, das hauptsächlich die schwarzen Bauern e3 und g4 formen: 2. ... Tc1:† 3. Kg2 Td2† 4. Kg3 Tg1 matt!) Es folgte **2. ... Df6 3. T7e3:** (Nach Angaben von H. Heemsoth konnte Weiß hier mit 3. Df6: Tf6: 4. T7e3: Te6 5. Te6: fe6: 6. Te6: zum Remis abwickeln.) **3. ... Dd4 4. Kg2 Te6 5. Te6: fe6: 6. Dg4: Tc2† 7. Kh3??** (In Zeitnot kann er das Floß nicht steuern, und es zerschellt an den Klippen. Hingegen war die Sache nach Kh1! noch nicht entschieden.) **7. ... Dd3†!** Weiß gab auf (8. Dg3 Df5†, bzw. 8. Kh4 Th2:† usw.) Das war eine traurige Heimkehr des Odysseus!

(Nach „Schach" 1962)

Eine Massen-Suggestion

Ein alter berühmter Partieschluß galt bisher als Urbild für viele Nachfolger in bezug auf das Fesselungsthema.

N. N.

370 

Dr. Tarrasch (am Zuge)
(Vorgabepartie, gespielt um 1926)

Weiß gewann, indem er den Gegner in eine latente Fesselung brachte, aus der dieser (wenigstens nach bisheriger allgemeiner Auffassung) nicht mehr heil herauskommen konnte: **1. Te5:! Te5: 2. g3! f4** (auch g4 ist nicht besser) **3. g4!**, und Schwarz muß schließlich den Turm fahren lassen, wonach Weiß natürlich leicht gewinnt.

Der arme N. N.! (Übrigens meinen manche, die Abkürzung käme von dem lateinischen nomen nescio, den Namen weiß ich nicht. Historiker aber sagen, daß der Begriff aus der alten römischen Rechtspflege stammt und man mit „N. N." =

numerius negidius den Beklagten bezeichnet als den Mann, der zu zahlen sich weigert.) Nun, in unserem Falle dürfte „N. N." doppelt froh sein, im Schleier der Anonymität unerkannt zu bleiben: erstens, weil er auf lehrbuchreife Art verlor; zweitens, weil er auf ebensolche Art Remis halten konnte! Dies fand 1963, also nach 37 Jahren!, der schwedische Schachfreund A. Tapper (Upsala) heraus; er spielt nämlich auf 1. Te5: Te5: 2. g3 einfach 2. ... Kg6!! 3. Le5: Kh5!! und Weiß ist nicht in der Lage, Kg4 samt f5—f4 zu verhindern, wonach der letzte weiße Bauer verschwindet. Dies war seinerzeit sogar den großen Meistern Dr. Tarrasch und Nimzowitsch (der die Position in sein Lehrbuch „Mein System" aufnahm) und später vielen „Nachdruckern" entgangen.

Überhaupt kommen „kollektive Irrtümer" öfter vor, als man denkt. Betrachten Sie bitte den folgenden frappanten Fall:

Panzer

371

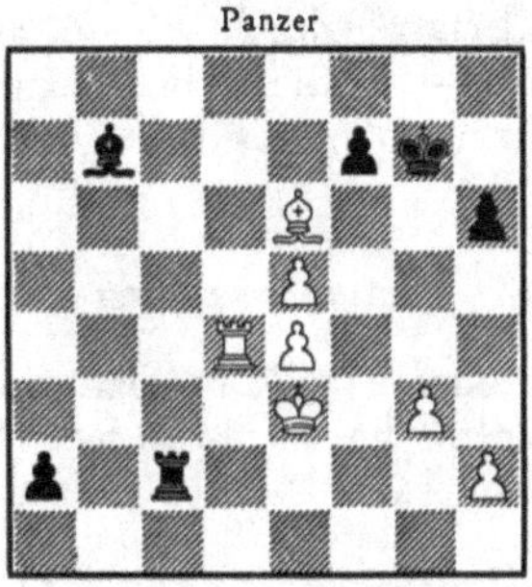

Just (am Zuge)
(Gespielt in Leipzig 1964)

Diese durchaus nicht harmlose Stellung hat es in sich. Weiß muß sich mit zwei Problemen auseinandersetzen: dem Angriff auf den Le6 und der Drohung a2—a1D. Beide Fliegen mit einer Klappe schlug **1. La2: Ta2:**, doch vermochte Weiß nun auf die Dauer die Partie nicht mehr zu halten.

Hinterher stellte sich aber heraus, daß nach dem Motto: Der Gegenangriff ist die beste Verteidigung, Weiß mit 1. Td7! a1D 2. Tf7:† überraschend Remis erzielen konnte, da Schwarz dem Dauerschach nicht zu entrinnen vermag. Und dabei kommen wir zur eigentlichen Pointe der ganzen Angelegenheit: bei einer Veröffentlichung der interessanten Stellung in der Zeitschrift „Schach" schrieben eine Reihe von Lesern (darunter auch ein süddeutscher Meister!), daß 1. Td7 an Lc8! 2. Tf7:† Kg8! (also gewissermaßen an der Antiform des Gegenangriffs!) scheitert, da Weiß Materialverlust nicht vermeiden könne. Sie alle unterschätzten jedoch die Kraft des Abzugsmechanismus, der nach 3. Ld5!! Schwarz endgültig auf die Verliererstraße bringt: 3. ... a1D scheitert nun an 4. Ta7† usw. Ja, die stillen Züge!

„Gegenbeispiele"

Alle Lehrsätze im Schach sind cum grano salis zu verstehen. So haben wir zum Beispiel wiederholt auf die Möglichkeiten hingewiesen, die sich Türmen auf der 7. (bzw. 2.) Reihe bieten. Doch nun betrachten Sie bitte den folgenden Fall.

„Türme auf der 7. Reihe sind stark!" — Aber nicht, wenn der Gegner auf die erste Reihe kommt! So erlitt hier Weiß nach seinem letzten Zuge Tc1—c7(??) einen drasti-

372

Uhlmann (am Zuge)

Mädler
(Gespielt in Aschersleben 1963)

schen Reinfall: 1. ... **Te1† 2. Kh2 Th1†!!** Weiß gab auf (3. Sh1: Dh2:‡, 3. Kh1: Dh3† 4. Kg1 Dg2:‡). Man vergleiche hierzu Position 132 sowie verwandte Kombinationen.

Das nächste Beispiel beweist einmal mehr, daß die Taktik im Schach die Strategie überwuchert.

373

Janczek (am Zuge)

Meleghegyi
(Gespielt in Ungarn 1961)

Zwei Regeln der allgemeinen Strategie beachtete Schwarz hier: einmal die Forderung eines Luftloches für den Rochadekönig (bereits mit g7—g6 erfüllt) und zweitens das Verlangen aktiver Endspielführung, dem er nun mit 1.... Td1†? nachkam. Es wäre aber besser gewesen, „feige" zu sein und 1. ... Ta8 zu spielen. (Angesichts solcher offenbarer Widersprüche in Lehre und Tat schrieb uns einmal ein Schachfreund etwas ärgerlich: „Oft ist das Denken schwer; indes — das Schreiben geht auch ohne es!" Dieser Wilhelm-Busch-Vers sollte wohl anzeigen, wie relativ alle Lehrsätze im Schach sind, und daß die „Schreiberlinge" oft genug mit der Schach-Wirklichkeit in Konflikt geraten. Glücklicherweise ist es so; noch immer kann man den gesunden Menschenverstand im Schach nicht entbehren!) Also es geschah **1.... Td1†? 2. Kg2 Tb1 3. Ta7: Tb5:**, und nun hatte Schwarz nur mit 4. Lh6 f6! gerechnet, womit er aller Sorgen ledig war. Statt dessen stürzte er in ein Meer der Verzweiflung, denn Weiß wälzte mit **4. f6!!** „einen Stein vor die Tür". Schwarz gab sofort auf, weil er die teuflische Idee erkannte: 4. ... Lf6: 5. Lh6!, und gegen Ta8† samt Matt ist kein Kraut gewachsen. So wurde das Luftloch g6 illusorisch gemacht und der „Ersatz" durch f7—f6 ausgeschaltet — in dieser Form zweifellos ein neuartiges Motiv!

Kleine Tragödien

... oder Tragikomödien charakterisieren die menschliche Unzulänglichkeit.

D a s U n w a h r s c h e i n l i c h e ...

... dieser Stellung besteht darin, daß Weiß sie, beinahe hätten wir gesagt: reell verliert — allerdings nach einem verfehlten Schachgebot! Statt mit 1. Ta8! dem Turm Handlungs- und Bewegungsfreiheit zu

Sokolov

374 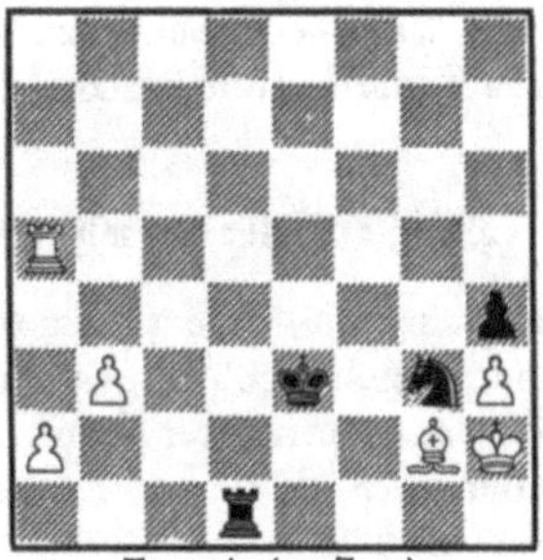

Tomovic (am Zuge)
(Gespielt in Belgrad 1961)

geben, zog Weiß **1. Te5†?**, was in zweifacher Hinsicht ein Lapsus war: erstens blieb dem Turm die f-Linie nach wie vor unzugänglich, und zweitens wollte der schwarze König sowieso dorthin, wozu ihn Weiß noch trieb: **1. ... Kf2!** Jetzt sah Weiß seinen Fehler ein und suchte (zu spät!) „von unten" zu kommen: **2. Te8**, worauf problemartig **2. ... Th1†!! 3. Lh1: Sf1‡** folgte. Sozusagen eine „Sternstunde" im Leben des Schachspielers, die viele erträumen und nur wenige erreichen!

Der Selbstbetrug

Navarowsky

375 

Szekely (am Zuge)
(Gespielt in Ungarn 1964)

Schwarz hatte soeben Tg2—d2(!) gespielt und damit wieder einmal auf das fehlende Ventil des Gegners spekuliert (1. Td2:? Dh1†!). Dem konnte Weiß einfach mit 1. Tc1! begegnen und wahrscheinlichem Remisschluß, da der d-Linie bei der offenen Königsstellung von Schwarz keine besondere Bedeutung zukommt. Weiß wollte jedoch partout die d-Linie behaupten und zog „elegant" **1. Dg4??**, was aber die beiden weißen Schwerfiguren einer tödlichen Bindung aussetzte und so den sofortigen Untergang zur Folge hatte: **1. ... De4!!** Da neben Dg4: vor allem Dc2:† droht und Weiß (wie leicht ersichtlich) weder Turm noch Dame von Schwarz schlagen kann, gab er die Partie auf.

Im Hinblick auf solche „Bosheiten" lasen wir einmal einen Scherz, in dem der Verlierer zu seinem Gegner mit leisem Vorwurf sagte: „So spielen Sie das mit einem guten Bekannten!?" Nun, freundschaftliche Rücksichten kann es natürlich im Schachspiel nicht geben. Was hätte er aber erst zu dem nachstehenden „groben Patz" bemerkt?

Unglaublich...

Damjanovic

376 

Trifunovic (am Zuge)
(Jugoslawien-Meisterschaft 1964)

Angesichts der Schwäche f4 darf Weiß einige Remishoffnungen hegen; aber nicht mehr nach **1. Ke2??** (Ein erstaunlicher Fehlgriff, aber verständlich; denn Weiß wollte seinen König nicht mit Tb2† auf die unterste Reihe drängen lassen. Doch das mußte er in der gegebenen Situation eben in Kauf nehmen!) **1. … Te4:†!** Jetzt sah Weiß das Malheur: 2. fe4: Lg4†! nebst Lh5:. In diese Läufergabel war er mit dem Königszug geradezu „hineingetreten"! Weiß gab sofort auf.

. . . aber wahr!

Was Gabelfrühstücke anbelangt, so darf auch das nächste Beispiel stellvertretend für viele ähnliche „Verrammelungs"-Fälle hier stehen.

Wallis

377

Dean (am Zuge)
(Offene Meisterschaft, Südafrika 1962)

Mit der Figur mehr rechnete Weiß natürlich mit einem sicheren Sieg, und also spielte er ohne viel Überlegen **1. Sf3??**, so den Turm vollständig „verrammelnd", und war peinlich überrascht, als **1. … Te4!!** folgte. Nach dem erzwungenen Tausch **2. Te4: de** standen die Springer in der Bauerngabel; Weiß verlor die Figur zurück und darob verstimmt, später gar noch die Partie. Solche „Scherze" sind immer dann möglich, wenn ein Bauer zu einer anderen Linie hinüberwechselt.

Talmiglanz der Fesselung

Gewiß sind — wie schon mehrfach hervorgehoben — Fesselungen höchst lästig; mitunter können sie sich aber auch als wahre Kuckuckseier erweisen.

N. N.

378

E. Starck (am Zuge)
(Gespielt in Kühlungsborn 1962)

Schwarz hatte soeben Le7—b4 gezogen und hoffte auf 1. Dd4, weil er die weiße Dame in einer Mausefalle zu fangen dachte. Sehr zu seiner Befriedigung spielte Weiß tatsächlich **1. Dd4!!**, und Schwarz à tempo **1. … Lc5??**, doch war er nun der betrogene Betrüger: **2. Dc5:!! Tc5: 3. Se7† Kh8 4. Th7:†! Kh7: 5. Th1†**, und Schwarz gab auf. Ein gelungener Schluß!

Man darf sich also nicht auf „unechte" (s. S. 75) Fesselungen verlassen. Oder vielmehr: man darf es doch, wenn man sich — auf den Gegner verlassen kann! In dieser Hinsicht ist der folgende Spielschluß sehr lehrreich.

Schwarz hat etwas viel ins Geschäft gesteckt, um zu dieser Fessel-

H. Glauser

379

G. Iberg (am Zuge)
(Schweizer Jugendmeisterschaft 1962)

stellung zu kommen. Aber er behielt recht, denn Weiß erwiderte **1. Le2?? Ld3:! 2. Ld3:** (Dd3:, Dg3!) **2. … Df4†** **3. Ke2 Df2†** **4. Kd1** und wurde nun mit **4. … Dd2** mattgesetzt.

Dabei konnte Weiß auf höchst einfache Weise die schwarze Fesselungsdrohung als Schaumschlägerei entlarven: **1. Db7:†!!** (Ablenkung des fesselnden Läufers, so daß nun auch die Dd6 „en prise" steht! Ein elementares Motiv.) **1. … Lb7: 2. Lb7:†** nebst **3. Td6:** und erdrükkendem Materialübergewicht von Weiß.

Im Banne des Mattbildes

Von unten

Bezzola

380

Säuberli (am Zuge)
(Interlaken 1961)

Mit einer Figur gegen nur zwei Bauern hoffte Schwarz — zumal angesichts der Bedrohung des Bg4! — auf Sieg. Die Randstellung seines Königs machte ihm aber einen dicken Strich durch die Rechnung. Weiß spielte nämlich **1. f4! Te3:† 2. Kf2 Te4 3. g5†! fg5: 4. hg5:† Kh5 5. Kg3!** und überließ es nun Schwarz, in die Zugwiederholung einzuwilligen oder — auf Selbstmatt auszugehen. Zu seinem Unglück wählte Schwarz (wenn auch unbeabsichtigt) das letztere: **5. … Te3† 6. Kf2 Te8 7. Kg3 Th8??** So, das Matt ist gedeckt. Ja, oben! Aber nicht unten! Zur bitteren Enttäuschung von Schwarz folgte eine sehenswerte Schwenkung des weißen Turmes: **8. Te7! Ld3 9. Te1! Le4 10. Te2!** Nach diesen eleganten Turmzügen stand Schwarz „vis a vis de rien" und gab auf. Eine kleine Tragikomödie!

In den Vorkämpfen zur Ungarn-Meisterschaft 1961 ereignete sich ein ähnlicher „Unfall".

Von der Seite

Barczay

381

Dr. Szily (am Zuge)

Weiß setzte mit **1. Tcc8** fort, und nun hätte Schwarz am besten getan, auf Remis zu spielen (etwa mit 1. … Ta3† 2. Sc3 Td8! usw.). Statt dessen glaubte er klug zu handeln, als er sich mit **1. … Kg6??** aus dem einen Matt entfernte (und in ein anderes viel schöneres lief!!): **2. Tg8† Kf5 3. Sg3†! Lg3: 4. Tg5** matt. Auch hieran hatten die Kiebitze ihre helle Freude! Martin Beheim-Schwarzbach hat recht, wenn er in „Knaurs Schachbuch" Dankbarkeit des Siegers dem Verlierer gegenüber empfindet, die dem Spieler in dem Augenblick warm durchs Herz zieht, da der Gegner denjenigen Zug macht, nenne man ihn fehlerhaft oder inkorrekt oder lahm oder allzu gewagt, der diese Kombination erst ermöglicht.

In der Mitte

Berzin (am Zuge)

382

Pilskalnieti
(Gespielt in Aluksne 1962)

1. … f4† sah wie ein Fehlzug aus, war aber eine glänzende Falle: **2. Ke4??** (2. Ke2! bot gute Remischancen.) Vielleicht machte sich Weiß sogar noch Siegeshoffnungen!? Dann jedenfalls gab es ein grausames Erwachen: **2. … Td6!!** (Er läßt den Ba7 mit Schach einstehen, was Weiß ganz außer Betracht gelassen hatte.) Weiß gab sofort auf. Bei 3. Ta7:† Ke6! ist gegen 4. … Td4‡ nichts zu erfinden, und bei 3. Td6: Kd6: geht das Bauernendspiel klar verloren. Psychologisch verständlich, da man bei den paar Steinen mit keiner Mattgefahr rechnet.

Respekt vor dem Großmeister

Weniger bekannte Spieler glauben oft nicht an ihr Glück, gegen einen „Prominenten" auf Gewinn zu stehen und wittern irgendeine teuflische Falle ihres renommierten Gegners.

Rodrigues (am Zuge)

383

O'Kelly
(Offene Südafrika-Meisterschaft, Wilderney 1962)

Der überspielte Großmeister schwebte in tausend Ängsten, doch war sein Gegner so von dem großen Namen beeindruckt, daß er Gespenster sah und nach **1. … T8d4† 2. Kg3 Tg1† 3. Kh2 Th1† 4. Kg3** Remis anbot, was O'Kelly natürlich hocherfreut annahm. Denn gerade jetzt stand er klar auf Verlust: 4. … f4† 5. Tf4: Tg1†!, und Schwarz gewinnt einen Turm, da der Gegenangriff 6. Kf2 an dem Zwischenschach Tg2 scheitert. (Bei 1. … T8d4† 2. Ke5 gerät der weiße König nach 2. … Kf7 in ein Mattnetz.)

Hier könnte also Dr. Tartakower gleich zwei seiner Erbübel ins Treffen führen: Furchtsamkeit und Friedenssinn! Da war der Norweger Ofstad aus anderem Holze geschnitzt.

Uhlmann

384 

Ofstad
(Zonenturnier Halle 1963)

Mutig hatte er sich gegen den mit in der Spitzengruppe stehenden Großmeister Uhlmann auf ein riskantes Abenteuer eingelassen, das jetzt mit **1. Sg5!** seinem Höhepunkt zustrebte. Uhlmann, der den weißen Ansturm lediglich als Wildwest- und va-banque-Spiel betrachtete, zog allzu sorglos **1. ... Lg5:??** und bereicherte damit die Schachliteratur um einen sensationellen Kurzschluß. (Richtig war 1. ... Se6: mit Remis: 2. Se6:† Kf7 3. Sf4† Kf8! — Kf6? Te6†! — 4. Se6† Kf7 usw.) Es folgte nämlich **2. Dd6† Le7** (Auch Se7 3. Lg5: ist aussichtslos.) **3. Te7:!!** Erst jetzt kam dem Schwarzen das Tragische seiner Situation zum Bewußtsein: 3. ... Se7: 4. Df6†!! gf6: 5. Lh6‡. Schweren Herzens gab Uhlmann auf, denn damit mußte er seine Hoffnungen auf den Aufstieg ins Interzonenturnier endgültig begraben. Dr. Tartakower würde in diesem Falle wahrscheinlich auf „Oberflächlichkeit" plädieren, damit aber den psychologischen Gesichtspunkt außer acht lassen, daß der Großmeister die „rote Laterne" des Turniers als nicht ganz vollwertig betrachtete.

Statt dessen ...

Nicht „laut", sondern „still"

Kampfhenkel (am Zuge)

385 

Thal
(Mannschaftskampf Halle 1961)

Nach **1. ... g4† 2. Kh4** ließ sich Schwarz (in Zeitnot) einen schönen Gewinn entgehen, zog **2. ... Lf6†? 3. Kh5 Df3?** und verlor schließlich das Spiel.

Hätte er dagegen 2. ... Kg6!! gezogen, so wäre Weiß mattgesetzt worden oder hätte materiell Schaden genommen: 3. g4! Dh4† und so fort.

„Man gebe so lange Schach, bis der feindliche König gut steht." (Lieber nicht!)

Nicht „schön", sondern „einfach"

Schwarz sah einen Glanzschluß à la Morphy und zog **1. Df2:†?? 2. Df2: Td1†** in der freudigen Erwartung von 3. Df1 Tff1: matt. Wer beschreibt aber sein Entsetzen, als

Pawlenko (am Zuge)

386 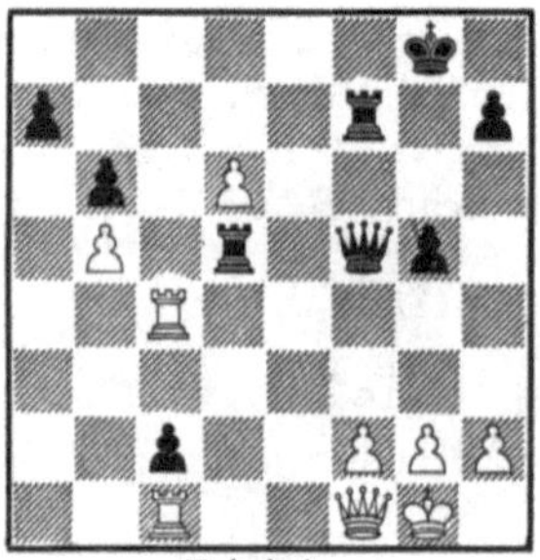

Tschukajew
(Riga 1963)

3. **De1!!** folgte und er nun selbst aufgeben mußte?

Hätte Schwarz den zweiten Zug zuerst ausgeführt und also simpel 1. ... Td1! gespielt, dann wäre der Sieg sein gewesen. Man soll eben nicht „für die Galerie" spielen!

Wie diese an sich typische Kombination aussehen muß, wenn sie richtig sein soll, zeigt das folgende Beispiel.

Sacharow (am Zuge)

387 

P. N. Lee
(Jugend-Weltmeisterschaft, Vrnjacka Banja 1963)

1. ... Tac8? war aktiver, 1. ... Tae8(!) jedoch genauer (z. B. nach L. Barden, 2. Sb5 Da2: 3. Sd6 Ld6: 4. ed6: Dc4! 5. Tf7: Df1†!). Es folgte jedenfalls **2. Te7: Tc3:**. (Er denkt zu schieben: 3. Dc3:?? Df1:‡!, doch er wird geschoben!) **3. Df7:†!!** Schwarz gab auf (3. ... Tf7: 4. Te8† nebst Matt). Solche vergleichenden Betrachtungen zwischen richtig und falsch stärken das schachliche Urteilsvermögen.

Gefahren am Rande

Kramer

388 

de Rooi (am Zuge)
(Hochofenturnier Beverwijk 1962)

Zu den „Randbemerkungen" auf Seite 137 bildet dieses witzige Schlußspiel eine wirkungsvolle Ergänzung. Weiß „sah" die Drohung g5† Kh5: Df3† g4 Dh3: matt und zog deshalb **1. Dc3;** auch, um 1. ... Kh6 mit 2. Df6: stören zu können. Nicht gesehen aber hatte er einen „Schwalbenflug" der schwarzen Dame **1. ... g5† 2. Kh5: De2† 3. g4 De8‡!** Steht der König am Rande, hat der Gegner den „Dolch im Gewande"! Dies sei noch einmal mit dem folgenden originellen Spielschluß bekräftigt.

Wer gewinnt das? Natürlich Schwarz, mit einem Turm mehr! — Natürlich Weiß, bei dem exponierten schwarzen König! Objektiv betrachtet sollte ein Remis diese beiden extremen Ansichten auf ihren wahren Wert zurückführen: 1. Dh6† Dh5 2. Df4† Dg4! 3. Dh6† mit Dauerschach. Aber Schwarz, auf sei-

Osterburg

389 

Gehler (am Zuge)
(Gespielt in Staßfurt 1962)

nen Turm pochend, wollte mehr und zog (nach **1. Dh6† Dh5 2. Df4†**) nicht Dg4, sondern **2. … Tg4??** und erlebte nun das Debakel **3. g3†! Kh3 4. Df3!!**, wonach er nur die Wahl zwischen Damenverlust, Matt oder Partieaufgabe hatte. Er entschloß sich zu letzterem. Ein besonders schöner kombinatorischer Lehrfall!

Einer behielt recht

In der Meisterschaft von Südafrika 1963 blieb Wolpert um einen halben Punkt hinter den Siegern Kirby und van der Meyden zurück, weil er die letzte Partie gegen Griffith verlor. Diese Partie war in der folgenden Stellung abgebrochen worden:

Wolpert (am Zuge)

390 

Griffiths

Schwarz gab 1. … Kb8 im Kouvert ab und glaubte damit zu gewinnen. Weiß hat kein Schach, und Schwarz droht neben Vorlaufen des a-Bauern auch noch Dc1:†! Dc1: a2!, gefolgt von Tb1. Indessen gab sein Gegner Griffith auf Befragen zur Antwort, daß er „ebenfalls klar auf Gewinn stehe". Ein kurioser Fall! Aber Weiß behielt recht, denn er fand auf **1. … Kb8** die Problemantwort **2. Tc3!!**, die den Spieß umdreht. Wenn nun 2. … a2, so 3. De5:† Ka7 4. Dc5† Kb8 5. Df8† Ka7 6. Ta3† Kb6 7. Dd6† Kb5 8. Da6† Kc5 9. Ta2: mit leichtem Gewinn. Schwarz versuchte noch (1. Kb8 2. Tc3!) **2. … Db1† 3. Kh2 Df5**, doch fiel der kostbare a-Bauer nun gleich, und das bedeutete ebenfalls raschen Verlust: **4. Ta3: Tb2 5. Da7† Kc8 6. Tf3!** und Wolpert gab auf. Es kommt nicht oft vor, daß beide Spieler hoffen, eine abgebrochene Partie zu gewinnen!

Ein „Swindler"

Wenn jemand eine Kombination macht, die sich hinterher als inkorrekt herausstellt, dann hat er eben „geschwindelt"; Manchmal allerdings, ohne es zu wissen! Ein amüsanter Fall dieser Art ereignete sich in der Englischen Meisterschaft 1962:

Hindle (am Zuge)

391 

Gibbs

„Poor Hindle" (armer Hindle), dachte nach dem BCM der englische Meister Ritson-Morry, als er die Stellung betrachtete, denn Schwarz steht total auf Verlust. Aber Hindle gewann! Und zwar so: **1. ... Dd2† 2. De2?? De2:† 3. Le2: Le3!!** (Droht **Tf2†**, was nicht zu parieren ist.) **4. Lf3 e4! 5. Le4: Tf2†**, und Schwarz siegte leicht. „Hindle the Swindler", sagte Ritson-Morry zu dem verdutzten Gewinner. Denn dieser hatte bis dahin noch nicht bemerkt, daß alles nur Bluff war; auf 1. ... Dd2† brauchte Weiß nur 2. Kh3! zu ziehen, und Schwarz wäre am Ende gewesen, da sich 2. ... Db2: wegen 3. Da8† nebst Matt verbietet.

Drastischer Witz

Maugg

392

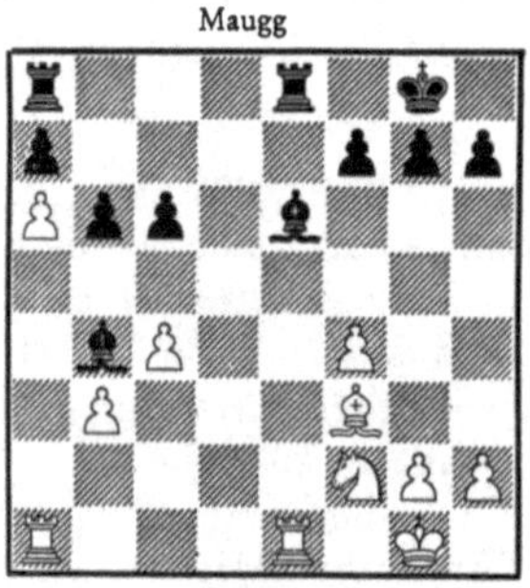

Achatz
(Augsburg 1961)

Man muß in der heutigen Zeit, in der die Schachjugend mehr oder weniger auf Strategie geschult wird, taktische Einfälle junger Spieler besonders begrüßen. Die obige Position ereignete sich in einer Turnierpartie jugendlicher Talente in Augsburg. Weiß glaubte sich den Zug **1. Lc6:??** erlauben zu können, weil nach **1. ... Le1: 2. Te1:** Rückgewinn der Qualität winkt und somit ein Bauer verdient wäre. Er hatte jedoch die teuflische Antwort **2. ... Ld7!!** übersehen. Da jetzt 3. Te8:† Te8: 4. Ld7: an Te1 matt scheitert (man beachte hier die „Bauernrolle" des Sf2!), mußte Weiß schweren Herzens die Qualität abschreiben und **3. Le4 Te6 4. Td1 Lc6 5. Lc6: Tc6: 6. Td7 Tc5 7. Se4 Ta5** usw. ziehen, wonach der Gewinn für Schwarz kein Problem mehr war. „Eine Partie mit einem sehenswerten taktischen Witz!", bemerkt Dr. Paul Tröger mit Recht in seiner Augsburger Schachecke.

Besonders in Simultanspielen macht sich die Hebung der Durchschnittsspielstärke gerade bei den Jugendlichen für den Simultanspieler recht unangenehm bemerkbar. Drastische Reinfälle können die Folge sein. So erlebte Meister Gereben bei einem Simultanspiel in Österreich 1962 gegen einen 12jährigen (!) Gegner die nachstehende Katastrophe: Gereben gegen Kamarow 1. d4 d5 2. Sf3 Sf6 3. c4 e6 4. Sc3 Sbd7 5. Lg5 Le7 6. e3 0—0 7. cd5: ed5: 8. Ld3 Te8 9. 0—0 c6 10. Dc2 Sf8 11. Se5 Sg4 (Alles nach bewährtem Muster. Die Jungens kennen die Theorie!) 12. Le7: De7: 13. Sg4: Lg4: 14. Tab1 (?) (Weiß läßt etwas die Zügel schleifen oder aber unterschätzt den kleinen Mann. Se2! nebst Überführung des Springers zum schutzgeschwächten Königsflügel — falls Schwarz nicht abtauscht — war geboten) 14. ... Dg5 15. Kh1 (Immer noch konnte Se2 geschehen. Weiß zögert einen Zug zulange) 15. ... Te6! 16. Se2 (Jetzt zu spät!) 16. ... Th6! 17. Sf4 (Das damit versuchte Verteidigungssystem wird von Schwarz auf glänzende Weise widerlegt) 17. ... Dh4 18. h3 g5! 19. g3 Lf3† 20. Kh2 Dh3:†!! (Ein prachtvoller Schluß!) 21. Sh3: g4! Weiß gab auf. Das Matt ist unabwendbar. Solche Jugenderinnerungen vergißt der Schachfreund nicht so leicht!

Teuflischer (Ab-)Zug

Ein Ventil für den König! Aber darf man sich deswegen gewissermaßen zur Ruhe setzen? Keineswegs!

Cholmow

393

Bagirow (am Zuge)
(XXIX. UdSSR-Meisterschaft, Baku 1961)

Gleiche Bauern, gleiche Figuren, und das bißchen Raum, das Schwarz mehr hat, läßt sich doch leicht mit **1. Tfe1(??)** ausgleichen (dachte Weiß). Aber gerade dieser Entlastungszug besiegelte den Untergang der weißen Partie auf wahrhaft diabolische Weise: 1. ... **Te1:† 2. Te1: Te2!!** Weiß gab auf, die Drohung ist 1. Dc3: 2. Df2:†, während 3. die weiße Dame auch den Te1 gedeckt halten soll. Und 4. kann Weiß auch nicht selber auf f6 tauschen, weil Schwarz dann erst auf e1 mit Schach nimmt. Ähnliche Wendungen sah man zwar schon, doch basierten sie meist auf dem fehlenden Luftloch des Gegners; ein Thema, das hier überhaupt nicht zur Debatte steht und deshalb das Ganze so ungewöhnlich erscheinen läßt.

„Vestigia terrent!“

„Die Spuren schrecken“ (nach einer Fabel von Äsop) den schlauen Fuchs ab, die Höhle des kranken Löwen zu betreten, weil er sieht, daß viele Spuren hineinführen, aber keine heraus. „Mißtrauen“ sollte auch eine besondere Eigenschaft des Schachspielers sein.

Zinn

394

Schmidt (am Zuge)
(Gespielt in Ruhla 1963)

Bei seinem letzten Zuge Se4-d2(?) glaubte Schwarz offenbar, der Gegner habe einen Fehler gemacht; er rechnete mit 1. Ld5:†(?) Kh8! und Qualitätsgewinn. Er hätte aber stutzen und an eine Kombination glauben sollen; denn es folgte der coup de grâce **1. Dd5:†!**, womit Weiß die Lage plötzlich in ihr Gegenteil verkehrte. (Den Witz, daß Dd5:†! stärker ist als Ld5:†?, kann man allerdings leicht übersehen.) **1. ... Kh8.** (Resignation. Schwarz sieht, daß der Gegner nach 1. ... Sd5: 2. Ld5:†

Kh8 3. Lh4: Sf1: 4. Kf1: zwei Figuren für einen Turm hat.) **2. Df5:! Tc7 3. Lf6: Df6: 4. Df6: gf6: 5. Td1 Sf3:† 6. gf3:** und Weiß gewann das Endspiel. Sehr eigenartig!

Dem Magdeburger Meister Pietzsch gelang es einmal auf ähnliche Weise, seinen Berliner Kollegen Fuchs zu überlisten.

Pietzsch

395 

Fuchs (am Zuge)
(Gespielt in Dresden 1964)

Dem etwas verloren stehenden Se7 wollte Weiß sofort eine Rückzugsmöglichkeit schaffen und zog deshalb **1. f5?** zwecks Sicherstellung des Feldes g6. (Richtig war aber 1. Sh5!, um so mechanisch h6—h5 zu hindern. Schwarz hätte dann vor schwierigen Problemen gestanden.) Es folgte **1. ... h5!**, was sehr peinlich die Dg4 vom Feld g6 abzudrängen suchte, während Schwarz außerdem h5—h4 in petto hatte. Aber noch glaubte Weiß an nichts Böses, sondern zog plangemäß **2. Sg6†?** (Die „Spuren" waren zu offensichtlich!), wobei er nur mit 2. ... Lg6:? 3. fg6: rechnete, was in der Tat sehr erfreulich für Weiß gewesen wäre. Indessen: **2. ... Dg6:!!** (Dieses unprogrammäßige Schlagen dreht den Spieß um!) **3. Dg6: Lg6: 4. fg6: Lg3:!** (Ein witziger Zwischenzug verstärkt noch die schwarzen Endspielchancen!) **5. hg3: Te3: 6. Te3: Te8 7. Kf2?** (Nur mit 7. Te8:† Ke8: 8. Kh2! bestanden noch kleine Remisaussichten.) **7. ... Te4!** (Jetzt müßte Weiß den Turm auf e4 tauschen, was wesentlich ungünstiger wäre. Er vermeidet deshalb den Tausch, aber das Endspiel läßt sich nicht halten.) **8. Tf3 h4 9. Te3 hg3:† 10. Tg3: Th4 11. Ke3 Ke7 12. Kd3 f5 13. Te3† Te4 14. Te4:† fe4:† 15. Ke3 Kf6 16. Kf4 Kg6: 17. Kg4 a5 18. a4 b5 19. b3 ba4: 20. ba4: Kf7 21. Kg3 Ke7!** Weiß gab auf, weil Schwarz die Opposition erhält und mit dem König entscheidend eindringt. Man sieht, eine wie große Rolle das Auswahlprinzip beim Schlagen im taktischen Schachkampf spielt. In dieser Beziehung hat auch der nachstehende Spielschluß hohen Lehrwert.

Bozdoghina (am Zuge)

396 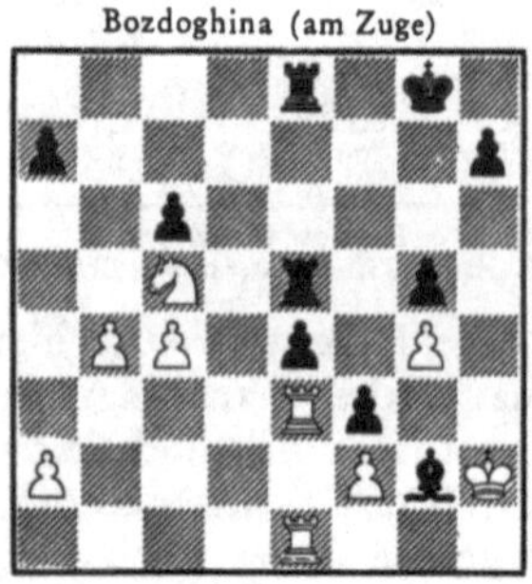

Otto
(XV. Rumänien-Meisterschaft 1963)

Das Ziel für Schwarz ist, mit dem Turm nach h6 zu kommen und mattzusetzen. Zwei Methoden bieten sich an: sofort T8e6, oder erst Tc5: und dann Te6. Aber an dem „und dann" scheiterte Schwarz! Er zog nämlich **1. ... Tc5:??**; Weiß jedoch entgegnete geistesgegenwärtig

2. Te4:!! Te4: 3. Te4: und gewann, da der Tc5 in einer Mausefalle sitzt und nicht mehr herauskommt. Wirklich drollig!

Hingegen hätte die direkte Wendung 1. ... T8e6! 2. Se6: Te6: für Schwarz entschieden, da Weiß das drohende Matt nur mit dem aussichtslosen 3. Tf3: abwehren kann.

... wie jeder wägt, wird ihm gewogen. (Schiller)

Hochinteressant, was die „Qual der Wahl" anbetrifft, ist auch das nächste Beispiel.

Schweda

397 

Teipelke (am Zuge)
(Gespielt in Braunschweig 1961)

Weiß hatte eine Figur geopfert, um zu dieser Angriffsstellung zu kommen, muß aber nun die Gegendrohungen Dg2:‡ und De1‡ beachten. Zu angriffsmäßigen stillen Zügen ist also keine Zeit. An Schachgeboten bieten sich an Dg5† oder f6†. Weiß wählte das erstere, weil darauf f7—f6 erzwungen ist und nun der weiße Turm auf der 6. Reihe „fürchterliche Musterung" halten kann: **1. Dg5†? f6 2. Te6† Kf7 3. Tf6:† Kg7 4. Tg6:†.** (In der angenehmen Erwartung von 4. ... hg6: 5. Dg6:† Kh8 6. Th3† samt Matt. Aber Weiß war bei der ganzen Kombination dem weitverbreiteten Denkfehler im Schach erlegen, bei einem Figurenopfer nur mit dessen Annahme, nicht aber mit der Ablehnung, zu rechnen!) **4. ... Kh8!!** (... und fiel nun aus allen Wolken! Schwarz erhält sich den Bh7, der seinen König genügend schützt. Nun kommt Schwarz ans Ruder.) **5. Td1 Df4 6. Tg8†.** (Weiß hofft wenigstens noch ein Remis herauszuholen. Aber auch diese Absicht durchkreuzt der Gegner elegant.) **6. ... Tg8: 7. Df6† Tg7 8. Td8† Td8: 9. Dd8:† Le8!!** (Dieses Rückopfer des Läufers lenkt die weiße Dame von ihrer Remisschaukel ab.) **10. De8:† Tg8** und Schwarz gewann leicht.

Hingegen hätte **1. f6†! Ke8** in Verbindung mit der Triplierung **2. Dd2!!** (Drohend und verteidigend!) den schwarzen König in ein Mattnetz verstrickt. Weiß wählte diese Fortsetzung nicht, weil er glaubte, Schwarz könne sich mit **2. ... Dg2:† 3. Dg2: Lg2: 4. Kg2:** entlasten. Aber dann verschafft die unparierbare Drohung Te3 nebst Te5:‡ Weiß mindestens ein ganz überlegenes Endspiel (Schwarz müßte Th8 ziehen).

So ist das halt im Schach: „Wer das Wenn erstiegen, sieht das Aber liegen!"

Die übersehene Sperre

Bonne

398 

Zuidema (am Zuge) (Gespielt in Zürich 1962)

Da Weiß kein Luftloch hat, darf er den Tf1 nicht tauschen; er muß ihn also mit der Dame schützen. Natürlich könnte Weiß mit Dd8† und, falls Kb7, Dd7† nebst evtl. Da4† usw. auf Remis spielen, aber das war ihm natürlich in Anbetracht seiner weitvorgerückten verbundenen Freibauern zu wenig. Also zog er **1. Db5(?)**, mußte nun aber dank eines geistreichen Manövers seines Gegners doch mit Remis zufrieden sein: 1. ... **Df4!! 2. Tg1 De3!! 3. Tf1 Df4!** mit Zugwiederholung. (3. Df1 hier, statt Tf1, nützt auch nichts: 3. ... Tf1: 4. Tf1: De2! usw.). Etwaige Zwischenschachgebote der weißen Dame würde daran nichts ändern.

Aber wie soll denn Weiß in der Bildstellung gewinnen, da er bei anderen Zügen den Turm einbüßen muß? Und gerade darin lag der Sieg verborgen: 1. Df3!! Df3: 2. gf3: Tf1:† 3. Kg2, und die verbundenen Freibauern gewinnen gegen den Turm, der durch den Sperrbauer f3 an einer wirksamen Verteidigung gehindert wird. Ein wahres Kolumbusei, das wie alle derartigen Funde hinterher so natürlich aussieht — und am Brett so schwer zu entdecken ist!

Ungedeckte Figuren

... sind oft die Ursache des Verlustes. Natürlich läßt sich das Idealbild: alle Figuren von Bauern gedeckt, in der Schachpartie nicht verwirklichen, da das ständig wechselnde Kampfgeschehen solche dogmatischen Betrachtungen nicht erlaubt. Man vergleiche hierzu bitte auch die auf S. 91 u. s. f. gegebenen Beispiele. Hier mag noch ein didaktisch wertvoller Fall aus der XV. Schacholympiade folgen.

Bobby Fischer

399

Rivera (am Zuge)
(XV. Schacholympiade, Warna 1962)

Die weißen Läufer sind recht unglücklich postiert: der Lb2 ist zunächst nur ein besserer Bauer, denn links und rechts versperrt ihm das eigene Fußvolk den Weg. Und der Lb3 steht auf schwankenden Füßen; kein Bauer kann ihn mehr decken. Dem trug der weiße Zug **1. Tc1??** in keiner Weise Rechnung. Geboten war etwa 1. La2 o. ä. Nach dem Textzug holte sich die schwarze Dame mit einer eindrucksvollen Schwenkung einen der weißen Läufer: **1. ... Dc6!** (Droht Matt auf g2, so daß Weiß nichts mehr für die Läufer tun kann.) **2. f3 Db5!**, und es ist passiert: **3. La4 Db2:** Weiß gab auf. Quod erat demonstrandum ...

*

Damit sind wir nun am Ende angelangt. Trotz vieler Fehlschläge, Irrtümer und Enttäuschungen bleiben die wahren Schachfreunde dem königlichen Spiel treu, etwa im Sinne jenes New Yorker Taxifahrers, der in seinem Wagen ein Schild anbringen ließ (hier in deutscher Übersetzung): „Bitte fragen Sie mich nicht nach Baseball-Ergebnissen. Ich bin Schachspieler!“

Vergil, der vor 2000 Jahren lebte, war zwar keiner, denn damals gab es das Spiel noch nicht. Aber ein schönes Wort aus seinen Hirtenliedern wollen wir uns doch zu eigen machen und an den Schluß dieses Buches setzen:

Deus nobis haec otia fecit (Ein Gott hat uns diese Muße geschaffen).

Namensverzeichnis

(Die Ziffern bezeichnen die Nummern der Diagramme)

Bei **Kurt Richter**

in die Schule zu gehen, ist für den vorwärts strebenden Schachjünger ein großes Vergnügen. Was gelernt sein und dem Gedächtnis eingeprägt werden muß, wird auf eine so lebendige Art und mit so vortrefflichen Beispielen dargelegt, daß in keinem Augenblick Überdruß oder Mutlosigkeit gegenüber dem vielfältigen und verwickelten Stoff entstehen kann.

Mein erstes Schachbuch

Ein Ratgeber für Anfänger. 6., durchgesehene Aufl. Oktav. Mit zahlr. Stellungsbildern. 103 S. 1962. Kart. DM 4,80

Der Schachpraktiker

Ein Wegweiser für Lernende. 4., verb. Aufl. Oktav. Mit zahlr. Stellungsbildern. 97 S. 1959. Kart. DM 4,80

Schachmatt

Eine lehrreiche Plauderei für Fortgeschrittene über den Mattangriff im Schach. 2. Aufl. Oktav. Mit 37 Teil- und 217 Volldiagr. 96 S. 1958. Kart. DM 5,20

Einfälle — Reinfälle

Schach zum Lesen und Lernen. 187 Diagramme mit Fragen und Antworten. Oktav. 87 S. 1960. Kart. DM 5,—

Schach-Delikatessen

Ein Züge-Cocktail aus dem Reich der 64 Felder. Mit 124 Diagr. Oktav. VI, 62 S. 1961. Kart. DM 3,80

Kurzgeschichten um Schachfiguren

Ein Bilderbuch des Schachspiels, zugleich ein Unterhaltungsbuch für alle Schachfreunde. Nach neuen Ideen zusammengestellt und bearbeitet. 2. verb. Aufl. Oktav. Mit 661 Diagr. u. nicht ganz so vielen Versen. 308 S. 1955. Kart. DM 12,80

Richtig und falsch

Praktische Endspielkunde. Von K. Richter und H. Staudte. Mit 127 Diagr. Oktav. VIII, 77 S. 1962. Kart. DM 5,—

Schacheröffnungen

(Der kleine Bilguer). Theorie und Praxis. Von K. Richter und H. Teschner. 4., nach dem neuesten Stand der Theorie verb. Aufl. Oktav. Mit mehr als 100 ausgew. Partien. VIII, 238 S. 1964. Kart. DM 10,80

Kurt Richters beste Partien

Romantisches Angriffsspiel im Schach. Von A. Brinckmann. 2., erw. und verb. Aufl. Oktav. Mit mehr als 100 Patiebeisp., einigen Schachaufgaben und 15 Bildern. VI, 162 S. 1961. Kart. DM 8,90

WALTER DE GRUYTER & CO · BERLIN 30

FSC
www.fsc.org
MIX
Papier | Fördert gute Waldnutzung
FSC® C083411

Zeitfracht Medien GmbH
Ferdinand-Jühlke-Straße 7
99095 Erfurt, Deutschland
produktsicherheit@kolibri360.de